合肥工大建设监理有限责任公司

Hefei University of Technology Construction Supervision Co.,Ltd.

合肥工大建设监理有限责任公司，隶属于合肥工业大学，持有住建部房屋建筑工程、市政公用工程、公路工程甲级监理资质，住建部机电安装工程、水利工程乙级监理资质；持有交通部公路工程甲级监理资质、特殊独立大桥专项监理资质；持有水利部水利水电工程乙级监理资质，持有人防乙级监理资质等。

公司在坚持走科学发展之路的同时，注重产、学、研相结合战略，建立了学校多学科本科生实习基地，搭建了研究生研究平台，是学校“卓越工程师”计划的协作企业，建立了共青团中央青年创业见习基地。多年来，公司主编或参编多项国家及地方标准规范。

公司自1995年成立以来，从小到大，从弱到强，历经风雨，不断探索，至今已取得了有目共睹的辉煌业绩，曾创造了多个鲁班奖、詹天佑奖、国优、部优、省优等监理奖项，连续多年成为安徽省十强监理企业和安徽省先进监理企业，连续多年进入全国百强监理企业行列，是全国先进监理企业。

公司承揽业务包括工程监理服务和项目管理咨询服务两大版块，项目足迹遍及皖、浙、苏、闽、粤、辽、鲁、赣、川、青、蒙、新等地；涉及各类房屋建筑工程、公路工程、桥梁工程、隧道工程、市政公用工程、水利水电工程等行业。

公司始终坚持诚信经营，不断创新管理机制，深入贯彻科学发展观，坚持科学监理，努力创一流监理服务，为社会的和谐发展、为监理事业的发展壮大不断做出应有的贡献。

地　址：合肥工业大学校内建筑技术研发中心大楼 12-13F
电　话：0551-62901619（经营）　62919562（办公）
网　址：www.hfutcsc.com.cn

江苏赛华建设监理有限公司

江苏赛华建设监理有限公司原系中国电子工业部所属企业，成立于 1986 年，原名江苏华东电子工程公司(监理公司)。公司是建设部批准的首批甲级建设监理单位，全国先进监理企业，江苏省示范监理企业，是质量管理体系认证、职业健康安全管理体系认证和环境管理体系认证企业。2003 年整体改制为民营企业。

公司现有专业监理人员 500 多人，其中国家级注册监理工程师 80 余人，高级工程师 60 余人，工程师近 200 人。

公司所监理的工程项目均采用计算机网络管理，并配备常规检测仪器、设备。

公司成立二十多年来，先后对两百余项国家及省、市重点工程实施了监理，监理项目遍布北京、上海、深圳、西安、成都、石家庄、厦门、汕头、南京、苏州、无锡等地。工程涉及电子、邮电、电力、医药、化工、钢铁工业及民用建筑工程，所监理的工程获鲁班奖、全国建筑装饰工程奖、省优（扬子杯）、市优等多个奖项，累计监理建筑面积 4000 多万平方米，投资规模 3000 多亿元。公司于 1995 年被建设部评为首届全国建设监理先进单位，并蝉联 2000 年第二届全国建设监理先进单位称号，2012 年被评为“2011 ~ 2012 年度中国工程监理行业先进工程监理企业”。

作为中国建设监理行业的先行者，江苏赛华建设监理有限公司不满足于已经取得的成绩，我们将继续坚持“守法、诚信、公正、科学”的准则，秉承“尚德、智慧、和谐、超越”的理念，发挥技术密集型的优势，立足沪宁，面向全国，走向世界，为国内外顾客提供优质服务。

上海国际航空服务中心

桑田岛

无锡茂业城

无锡硕放机场

无锡太湖饭店

连云港市广播影视文化产业城工程

赣榆县行政中心工程

连云港市一院门诊病房信息综合楼工程

连云港市新孔南路新建工程

LCPM

连云港市建设监理有限公司

连云港市建设监理有限公司（原连云港市建设监理公司）成立于1991年，是江苏省首批监理试点单位，具有房屋建筑工程和市政公用工程甲级监理资质，工程造价咨询乙级资质、招标代理乙级资质、人防工程乙级监理资质，被江苏省列为首批项目管理试点企业。公司连续五次获得江苏省“示范监理企业”的荣誉称号，连续三次被中国建设监理协会评为“全国先进工程监理企业”，获得中国监理行业评比的最高荣誉。公司2001年通过了ISO9001–2000认证。公司现为中国建设监理协会会员单位、江苏省建设监理协会副会长单位，江苏省科技型AAA级信誉咨询企业。

经过20多年工程项目建设的经历和沉淀，公司造就了一大批业务素质高、实践经验丰富、管理能力强、监理行为规范、工作责任心强的专业人才。在公司现有的145名员工中，高级职称49名、中级职称70名，国家注册监理工程师40名，国家注册造价工程师7名，一级建造师13名，省注册监理工程师61名，江苏省注册咨询专家7名。公司具有健全的规章制度、丰富的人力资源、广泛的专业领域、优秀的企业业绩和优质的服务质量，形成了独具特色的现代监理品牌。

公司可承接各类房屋建筑、市政公用工程、道路桥梁、建筑装潢、给排水、供热、燃气、风景园林等工程的监理以及项目管理、造价咨询、招标代理、质量检测、技术咨询等业务。

公司自成立以来，先后承担各类工程监理、工程咨询、招标代理1000余项。在大型公建、体育场馆、高档宾馆、医院建筑、住宅小区、工业厂房、人防工程、市政道路、桥梁工程、园林绿化、公用工程等多个领域均取得了良好的监理业绩。在已竣工的工程项目中，质量合格率100%，多项工程荣获国家优质工程奖、江苏省“扬子杯”优质工程奖及江苏省示范监理项目。

公司始终坚持“守法、诚信、公正、科学”的执业准则，遵循“严控过程，科学规范管理；强化服务，满足顾客需求”的质量方针，运用科学知识和技术手段，全方位、多层次为业主提供优质、高效的服务。

公司地址：江苏省连云港市朝阳东路32号（金海财富中心A座11楼）
电　　话：0518－85591713
传　　真：0518－85591713
电子信箱：lygcpm@126.com
公司网址：http://www.lygcpm.com/

连云港民航机场改扩建工程

海州区行政中心工程

昆山体育馆工程

连云港市海州湾会议中心工程

山西和祥建通工程项目管理有限公司

山西和祥建通工程项目管理有限公司（简称“和祥建通”）成立于1991年，是华电集团旗下唯一具有“双甲”资质（电力工程、房屋建筑工程）的监理企业。主营业务有工程监理、项目管理、招标代理、机械租赁及相关技术服务。

公司现为中国建设监理协会、中国电力建设企业协会、中国建筑业协会机械管理与租赁分会、山西省招投标协会、山西省工程造价管理协会会员单位，山西省建设监理协会副会长单位。

公司的业务范围涉及电力、新能源、房屋建筑、市政、造价咨询等多个专业领域，迄今为止共监理电力项目 106 项，总装机容量 5260 万 kW；电网项目 434 项，变电容量 6800 万 kVA，输电线路 18000km；工业与民用建筑项目 44 个，建筑总面积 90 万 m^2。

丰富的项目管理和工程监理经验，完善的项目管理体系，成熟的项目管理团队和长期的品牌积累，构成了和祥建通独特的综合服务优势，创造了业内多项第一，多项工程获得了国家鲁班奖、国家优质工程银质奖、中国电力工程优质奖。

在全国，第一家监理了 60 万 kW 超临界直接空冷机组、30 万 kW 直接空冷供热机组、20 万 kW 间接空冷机组，第一家监理了 1000kV 特高压输电线路设计，第一家监理了煤层气发电项目，第一家开展了机械租赁业务；第一家实现了监理企业向工程项目管理企业的转型，第一家监理了垃圾焚烧发电项目，第一家监理了煤基油综合利用发电项目，第一家监理了燃气轮机空冷发电项目。

公司连续 12 年被评为山西省建设监理先进单位。2007 年被评为全国建筑机械设备租赁 50 强企业、太原高新区纳税 10 强企业；2008 年获得三晋工程监理企业 20 强荣誉称号、第十届全国建筑施工企业、建筑机械租赁企业设备管理优秀单位；2010 年获得全国先进工程监理企业；2011 年获得华电集团公司四好领导班子创建“先进集体”称号。

回顾过去，我们的企业在开拓中发展，在发展中壮大，曾经创造过辉煌；放眼未来，面对新的机遇和挑战，我们将迈入一个全新的跨越式战略发展阶段。我们的使命是：推动工程管理进步；我们的愿景是：成为受推崇、可信赖的工程管理专家；和祥建通人将“秉和致祥 · 善建则通”的核心价值观持续改进、追求卓越、成就所托、超越期待是我们永恒的目标和庄重的承诺！

地　址：山西省太原市高新区产业路 5 号科宇创业园
邮　编：030006
Email：hxjtzhb@163.com

太原第一热电厂六期扩建 2×300MW 机组工程

和瑞煤层气发电

项目管理承包建设的阳城发电厂（6×350MW 机组）

项目管理承包建设的武乡电厂（2×600MW 机组）

中电投大连甘井子热电 2×300MW 机组工程

主办 中国建设监理协会

中国建设监理与咨询

中国建筑工业出版社

图书在版编目（CIP）数据

中国建设监理与咨询02 / 中国建设监理协会主办. —北京：中国建筑工业出版社，2015.2
ISBN 978-7-112-17774-5

Ⅰ.①中… Ⅱ.①中… Ⅲ.①建筑工程—监理工作—研究—中国
Ⅳ.①TU712

中国版本图书馆CIP数据核字（2015）第031453号

责任编辑：费海玲　张幼平
责任校对：张　颖　刘　钰

中国建设监理与咨询 02
主办　中国建设监理协会
*
中国建筑工业出版社出版、发行（北京西郊百万庄）
各地新华书店、建筑书店经销
北京嘉泰利德公司制版
北京缤索印刷有限公司印刷
*
开本：880×1230毫米　1/16　印张：$7^1/_4$　字数：260千字
2015年2月第一版　2015年2月第一次印刷
定价：35.00元
ISBN 978-7-112-17774-5
（27046）

编辑部

地址：北京海淀区西四环北路158号
慧科大厦东区10B

邮编：100142

电话：（010）68346832

传真：（010）68346832

E-mail：zgjsjlxh@163.com

中国建设监理与咨询

目录 CONTENTS

行业动态

政策法规

本期焦点：聚焦《工程质量治理两年行动方案》

协会工作

监理论坛

项目管理与咨询

创新与研究

人才培养

企业文化

中国建设监理协会启用新网站

中国建设监理协会为加强信息化建设，决定从2014年12月1日起启用中国建设监理协会新网站，网站域名为www.caec-china.org.cn。

注册监理工程师网络继续教育转到新网站“注册监理工程师网络继续教育系统”中进行学习（原网站继续教育系统并运行至2015年3月底）。网络继续教育系统将提供延续注册、逾期注册、重新注册、变更注册等四种类型的网络学习，同时开通学员学习信息及相关培训信息查询等功能。开通注册监理工程师网络继续教育的地区或行业，注册监理工程师可向所在管理机构报名、缴费，资格审查合格人员可登录新网站首页，点击进入注册监理工程师继续教育系统，按照相关提示完成相应的学习。

上海现代工程建设咨询有限公司
信息化监理喜获中建协 BIM 大奖赛一等奖

2014年中建协BIM大奖赛落幕。全国512个项目中112个入围，其中2个来自监理；终审评出15个一等奖，占总数的2.7%，上海现代建筑设计集团工程建设咨询有限公司的保利大厦深基坑BIM5D监测中的新兴呈现Emerging技术获此殊荣，是唯一的监理项目。

该项目探索将智能化BIM用于信息化监理：监理人员将三维地理信息模型GIS对接地勘模型，再将测斜数据自动导入基坑BIM5D时变模型嵌入其中；同时综合运用三维扫描、彩色弹性三维打印、增强现实AR、虚拟现实VR等技术分析基坑变形趋势；当测斜数据超限时，系统会自动发短信提醒，监理人员即可通过模拟谷歌眼镜中的动画进行复测、电话报警，然后再按动画指示分步骤抢险，同时将抢险视频回传。

山西省建设监理协会2014年度监理通联会暨《规范》知识竞赛决赛圆满结束

山西省建设监理协会于2014年10月21日在太原召开2014年度通联会暨《规范》知识竞赛决赛。参加会议的有各单位总工、通联员及参加决赛代表队人员260余人，还有协会和“两委”的唐桂莲、田哲远、张跃峰、黄官狮、陈敏、林群六位领导；山西省住房和城乡建设厅人事处副处长董承炜、市场处副处长李永红、党委调研员杨安平参加了会议。理论委副主任黄官狮主持会议。

大会第一阶段首先由副会长兼理论委主任张跃峰传达中监协在深圳召开的监理企业发展论坛精神；其次，副秘书长兼信息部主任郑丽丽作了题为《加大通联工作力度 促进监理行业发展》的工作报告。报告回顾总结了2013年10月~2014年9月间关于理论研究、信息化建设、服务行业、通联工作所取得的成效，并对下一步工作作了安排。

大会第二阶段举办了《规范》知识竞赛决赛，经过激烈角逐，共评出一等奖一名，二等奖二名，三等奖三名。参会领导和裁评组专家为六个项目部、最佳选手和组织奖单位颁发了奖金和奖牌。

陕西监理行业首届“金秋书画摄影艺术展览”成功举办

2014年11月5日，由陕西省建设监理协会、中国（陕西）西部监理文化艺术研究院联合举办的陕西监理行业首届“金秋书画摄影艺术展览”在西安众和市政工程监理咨询有限公司正式开展。开幕式由中国（陕西）西部监理文化艺术研究院常务副院长谭陇海、院长上官建芳分别主持和致辞，中国建设监理协会副会长、陕西省建设监理协会会长商科宣布展览活动正式启动。

本次展览共展出地方监理行业从业者业余创作的书法、国画、油画、色彩静物、摄影等作品共221幅（件），内容丰富，题材多样，全面、真实地反映了监理人的工作、学习、生活和情感，部分作品还从艺术角度诠释了工程建设的场景和建筑的魅力，得到各界观展人士的广泛好评。

在目前建筑业改革发展、建设监理行业持续创新的大背景下，本次展览以文化艺术形式宣传监理事业、振奋行业精神、增强从业自信，必将对地方监理工作及行业形象的提升产生积极的促进作用。

湖南省建设监理协会召开贯彻落实《湖南省工程质量治理两年行动实施方案》及工作部署会议

为认真学习住房和城乡建设部2014年9月4日全国工程质量治理两年行动电视电话会议和《工程质量治理两年行动方案》（建市〔2014〕130号）文件精神，贯彻落实湖南省住房和城乡建设厅《湖南省工程质量治理两年行动实施方案》（湘建建〔2014〕213号）工作部署，确保发挥监理作用，保障工程质量，促进湖南省建设工程监理企业创新、持续健康发展，湖南省建设监理协会于2014年11月27日召开了“贯彻落实《湖南省工程质量治理两年行动实施方案》及工作部署会议”，共计226家单位（包括本省、中央在湘、部分外省入湘监理企业和市州建设监理协会）232名单位负责人参加了会议。

协会秘书长屠名瑚在会上宣贯了省厅《湖南省工程质量治理两年行动实施方案》等相关文件精神，并进行了工程质量治理两年行动动员和工作部署。宣读了协会《2014~2016工程质量治理两年行动实施方案》，明确了协会工作目标、重点工作、工作计划和保障措施，成立了工程质量治理两年行动工作组，将工程质量治理两年行动列入协会2014~2016的重点工作，同时对会员提出了工作要求，强调以工程质量治理两年行动为抓手，将企业在工程质量治理两年行动中的表现与诚信等级挂钩。

协会副会长罗定在会上宣读了中国建设监理协会向全行业就工程质量治理两年行动发出的《中国建设监理协会倡议书》。

湖南省住房城乡建设厅建筑管理处田明革副处长就省工程质量治理两年行动有关工作、打击建筑施工转包及违法分包行为等工作、如何更进一步发挥监理作用作了报告，明确了近两年乃至持续性的工程质量治理主要任务，对监理企业提出了工作要求。

本次会议特邀请建纬律师事务所戴勇坚主任作了“建筑工程施工违法发包、转包、违法分包及挂靠等法律风险防范”的专题讲座，对如何发挥监理在工程质量治理中的作用及监理如何履行职责作了精彩的演讲。

河南省建设监理协会开展全省监理工作调研工作

2014年，建设监理行业波诡云谲，多生变化。在建设行政管理体制改革的背景下，建设监理行业面临新形势、新变化，26年的监理之路，走到了再探讨和再出发的历史关口。

河南省建设监理协会正视行业发展的现实困境，循着问题的导向出发，组织专家在全省不同区域分别召开了5次调研工作，与监理企业的领导者分析行业发展形势，探讨企业转型升级之路，深入项目监理机构，倾听项目监理人员的感受和心声。

大企业转型升级的焦虑，中小企业生存发展的艰辛，现场监理工作的纷繁复杂，这是现实的镜像，也是再出发的动力。座谈会上，妙语连珠，智慧频出，精妙的民间设计引来哄堂大笑，深刻的问题分析又使座谈会气氛凝重。责任与使命，理想与情怀，支撑着4万名河南监理人在创新发展的路上不断探索。

在项目现场，调研专家查看了项目监理机构的建设情况。工程质量治理两年行动，项目监理机构准备充分，人员到岗位履职，资料管理规范，一切均按新版监理规范执行。项目总监当场立下军令状：工程质量，监理全力以赴。

新形势、新机遇，新发展、新征程。调研中，专家们切实感受到了监理企业在转型中的迷茫和不安，但正是变革的阵痛，才孕育着未来的希望，暗藏着丰富多彩的机遇，历史终会证明，监理行业正步入一个新的境界。

（耿春 提供）

贵州省建设监理协会召开三届七次常务理事会

2014年11月7日下午，贵州省建设监理协会在贵州饭店召开了三届七次常务理事（扩大）会。协会会长李泽晖及各副会长、常务理事出席了会议，部分三届理事会理事列席参加了此次会议。

会议根据贵州省住建厅《关于清理规范在职干部和退（离）休干部在协会（学会）兼职任职问题的通知》通知要求，同意本届理事会现任会长李泽晖辞去协会常务理事、会长职务的申请。同时决定由副会长兼秘书长杨国华代理会长职务、行使会长职责并担任协会法人代表；会议选举了副会长周敬为本届理事会监事参与协会秘书处的管理工作。

贵州省住建厅建管处李泽晖处长在会上作了关于贯彻落实住建部《工程质量治理两年行动方案》的讲话，要求行业协会发挥桥梁纽带作用，抓好对企业及人员的教育培训，通过召开座谈会、宣贯培训、倡议书、网站刊物等，大力宣传贯彻质量治理两年行动方案，充分认识“工程质量治理”的重要性，准确理解和把握其精神，切实把工程质量治理两年行动落实到实处，引导行业健康发展。会议通过了全省监理行业工程质量治理两年行动的工作方案及倡议书。杨国华秘书长在会上传达了近期中国建设监理协会有关会议精神。

云南省建设工程监理企业资质实行网上申报工作宣贯培训会议召开

2014年11月21日上午，受云南省住房城乡建设厅建筑市场监管处委托，由云南省建设监理协会承办的“云南省建设工程监理企业资质实行网上申报工作宣贯培训会”在昆明市云天花苑酒店举行。云南省住房城乡建设厅建筑市场监管处主任科员蔺以楠和网络技术人员何成参加了会议，并分别对工程监理企业资质实行网上申报工作的相关要求和技术流程进行了讲解与答疑。会议由云南省建设监理协会秘书长徐世珍主持。

根据《云南省住房和城乡建设厅关于对云南省工程监理企业资质实行网上申报和审批工作通知》文件精神，自2014年12月1日起，报省住房和城乡建设厅审批的工程监理资质的新申请、升级、增项和重新核定事云南项，均需通过云南省建筑管理信息网进行申报。本次宣贯培训，旨在通过培训使云南省具有监理资质的相关管理人员了解和掌握新的资质网上申报流程和方法，以进一步落实《住房城乡建设部办公厅关于工程监理资质实行网上申报和审批的通知》（建办市函[2014]452号）文件要求，加快云南省建筑市场监管信息化建设，推进工程监理企业资质申报和审批电子化进程，提高云南省资质审批效率。

124家企业共160名学员参加了培训。本次宣贯培训会议达到了预期的目的，取得圆满成功。

（宋丽 罗强 提供）

中国建设监理协会五届二次理事会暨五届三次常务理事会在昆明顺利召开

2015年1月14日，中国建设监理协会在云南昆明市召开了中国建设监理协会五届二次理事会暨五届三次常务理事会。中国建设监理协会副会长兼秘书长修璐同志和副会长王学军同志分别主持了五届三次常务理事会和五届二次理事会；副秘书长温健同志主持了专题报道和会议交流部分。云南省住房和城乡建设厅副厅长周鸿、住房城乡建设部建设市场监管司建设咨询监理处处长商丽萍参加会议并讲话。政协委员、中国建设监理协会会长郭允冲同志在会上作重要讲话。

常务理事会审议通过了《成立中国建设监理协会专家委员会的报告》和《注册监理工程师继续教育工作的报告》，审议接纳了3家团体会员和31家单位会员；理事会审议通过了《中国建设监理协会2014年工作总结及2015年工作建议》和《〈建设监理人员职业道德行为准则〉（试行）的报告》，审议通过了更换或增补7名常务理事、增补16名理事事宜。会议还表扬了2013至2014年度一批先进监理企业、先进总监理工程师、先进专业监理工程师和协会工作者。

会上，肖上潘、杨卫东、商科同志分别代表工业部门、直辖市与经济发达地区、中西部地区三个调研组，报告了他们结合本地区、本部门监理实际情况开展行政体制改革对监理行业发展的影响及对策研究情况和成果。与会理事还听取了联合建管（北京）国际工程技术研究院院长邱闯所作的“智慧项目管理”专题讲座，大家感到深受启发。会议结束前，副会长王学军同志就本次会议作了会议小结。

陈政高在全国住房城乡建设工作会议上要求 勇于担当　突破重点　努力开创住房城乡建设事业新局面

2014年12月19日，全国住房城乡建设工作会议在北京召开。住房和城乡建设部部长、党组书记陈政高在大会上作了题为《勇于担当，突破重点，努力开创住房城乡建设事业新局面》的讲话，全面总结2014年住房城乡建设工作，对2015年的工作任务作出部署。住房城乡建设部副部长、党组成员陈大卫作总结讲话；副部长、党组成员齐骥、王宁，中央纪委驻部纪检组组长、部党组成员石生龙出席。

陈政高指出，今年，党中央、国务院对住房城乡建设工作提出了新要求，中央领导同志多次作出重要批示。在党中央、国务院的领导下，住房城乡建设系统广大干部职工迎难而上，开拓创新，全面完成了国务院确定的各项任务。全国城镇保障性安居工程新开工700万套，基本建成480万套，改造农村危房260万户。

今年，住房城乡建设系统全力推进改革。认真落实十八届三中全会的决策部署，深化行政审批制度改革，取消下放多项行政审批项目；启动共有产权住房试点，实现廉租房、公租房并轨运行；开展“多规合一”试点；推进工程质量安全监管制度改革；推动标准管理体制改革和造价计价机制改革。

今年，住房城乡建设系统努力应对房地产市场复杂局面。会同有关部门积极采取措施，总体上保持了房地产市场平稳运行。

今年，住房城乡建设工作不断有新的拓展。积极回应社会关切，集中力量研究解决重大问题。创新理念，推动城市基础设施建设；启动了工程质量治理两年行动，落实建设工程五方主体项目负责人的质量终身责任制；启动农村生活垃圾五年专项治理行动，改善农村人居环境。

在部署明年住房城乡建设工作时，陈政高要求，全系统要主动适应经济发展新常态，紧紧围绕提高人民群众居住水平、提升城市综合承载能力、改善城乡人居生态环境，统筹谋划，突出重点，扎实推进，务求实效，努力开创住房城乡建设事业新局面。

一是要保持房地产市场平稳健康发展。准确把握房地产市场运行中出现的新情况、新问题，积极应对，促进房地产市场平稳运行。继续推进保障性安居工程建设，明年计划新开工700万套，基本建成480万套。要打好独立工矿区及国有林区、垦区棚户区改造攻坚战，努力实现在2015年基本完成林区、垦区棚户区改造任务，在2017年基本完成独立工矿区棚户区改造任务。狠抓公租房的配套设施建设，做好公租房的分配入住，让更多住房困难群众早日搬入新居。要创新住房保障工作方法。既要按需新建公租房，又要注意通过市场筹集房源，实现“补砖头”、“补人头”并举，提高住房保障的效率。

二是要深入推进工程质量治理、城市基础设施建设和农村生活垃圾治理三项工作。治理工程质量，认识要到位，态度要坚决，措施要有力，要严格问责、依法处罚，形成不敢违法违规、不想违法违规的局面。完善城市基础设施，既要创新体制机制，又要改进工作方法，通过定期公布管网漏损率、垃圾减量化率等指标来推进。治理农村垃圾，要按标准验收，抓两头、促中间、带全局。

三是要在六个方面努力实现新突破。

第一，大力提高建筑业竞争力，实现转型发展。抓紧制定支持政策，完善标准规范体系，以住宅建设为重点，以保障房为先导，推动绿色建筑规模化、整体化发展，实现建筑产业现代化新跨越。

第二，加强城市设计工作。总结国内成功做法，吸收国外有益经验，制定城市设计技术导则。从城市整体层面到重点区域和地段，都要进行城市设计，提出建筑风格、色彩、材质等要求。建筑设计和项目审批都必须符合城市设计要求。

第三，下力气治理违法建设。要从维护城市规划权威性、拓展发展空间、保护生态环境、塑造城市风貌的高度，认识违法建设的影响和危害，下决心、下功夫清除和防治违法建设。

第四，狠抓建筑节能。发布建筑能效提升路

线图，明确今后的目标和任务。明年要新增绿色建筑3亿平方米以上，完成北方居住建筑的供热计量及节能改造1.5亿平方米。

第五，推进城市洁净工程。清洁的环境，是人民群众的需要，是文明的标志，体现了城市的管理水平。要宣传和推广好经验、好做法，为广大居民创造清洁、干净的城市环境。

第六，全面启动村庄规划。要把村庄规划作为指导农村建设、改善农村环境的“龙头”，加快规划编制，明确实施责任主体和监管体系，在广大村民的参与下，把规划蓝图变成现实，把乡村建设得更加富有魅力。

陈政高强调，住房城乡建设系统广大干部职工要结合行业特点，不断创新工作方法。要长于说服争取，善借舆论力量，坚持以身作则，实现上下联动，提高工作效率和水平。

陈政高最后提出，住房城乡建设系统要进一步增强责任感、使命感，在党中央、国务院的正确领导下，在各有关部门和地方各级党委政府的大力支持下，攻坚克难，锐意改革，扎实工作，不断推动住房城乡建设工作迈上新台阶，为建设美丽中国作出新的更大贡献！

陈大卫在总结讲话中对贯彻落实会议精神提出4点要求。一是要认真做好会议精神的学习、汇报和传达，贯彻落实好对明年工作的部署和要求。二是要抓紧制订落实工作方案，每一项任务都要责任明确、要求具体、措施到位。三是要把会议部署的10项重点工作切实抓好、抓出成效。四是要凝聚多个方面的力量，多向党委、政府汇报，多与相关部门沟通协调，多深入基层调研，努力加强宣传和引导。

各省、自治区住房城乡建设厅、直辖市建委及有关部门、计划单列市建委及有关部门主要负责人，新疆生产建设兵团建设局主要负责人，党中央、国务院有关部门司（局）负责人，总后基建营房部工程局负责人，中国海员建设工会有关负责人，部机关各司局、部属单位主要负责人出席了会议。

（摘自《中国建设报》　汪汀　李迎）

住房城乡建设部出台《住房城乡建设领域违法违规行为举报管理办法》

住房城乡建设部近日印发《住房城乡建设领域违法违规行为举报管理办法》（以下简称《管理办法》），旨在规范住房城乡建设领域违法违规行为举报管理，保障公民、法人和其他组织行使举报的权利，依法查处违法违规行为。《管理办法》自2015年1月1日起施行。2002年7月11日原建设部发布的《建设领域违法违规行为举报管理办法》（建法[2002]185号）同时废止。

根据《管理办法》，各级住房城乡建设主管部门及法律法规授权的管理机构，应当设立并向社会公布违法违规行为举报信箱、网站、电话、传真等，明确专门机构负责举报受理工作。受理机构应在收到举报后进行登记，并在7个工作日内区分情形予以处理。举报件应在受理之日起60个工作日内办结。

《管理办法》明确，各级主管部门应建立违法违规行为预警预报制度。对举报受理工作的情况和典型违法违规案件以适当方式予以通报。负责办理举报的工作人员，严禁泄露举报人的姓名、身份、单位、地址和联系方式等情况；严禁将举报情况透露给被举报人及与举报办理无关人员；严禁私自摘抄、复制、扣压、销毁举报材料，不得故意拖延时间；凡与举报事项有利害关系的工作人员应当回避。对于违反规定者，根据情节及其造成的后果，依法给予行政处分；构成犯罪的，依法追究刑事责任。

《管理办法》强调，任何单位和个人不得打击、报复举报人。对于违反规定者，按照有关规定处理；构成犯罪的，依法追究刑事责任。举报应当实事求是。对于借举报捏造事实、诬陷他人或者以举报为名制造事端、干扰主管部门正常工作的，应当依照法律、法规规定处理。

（摘自《中国建设报》　宗边）

发挥媒体宣传社会监督作用 工程质量治理两年行动万里行启动

为充分发挥媒体宣传和社会监督作用、推动工程质量治理两年行动深入开展、营造全社会共同关注工程质量的舆论氛围，2014年12月17日，由人民日报社、新华社、光明日报社、经济日报社、中央人民广播电台、中央电视台、中国建设报社、中国建筑业协会等单位参加的工程质量治理两年行动万里行专题宣传报道活动启动。住房城乡建设部副部长王宁出席启动仪式并讲话。

王宁指出，在万里行活动中，要严格把握政策。发挥多方力量做好工程质量治理工作，尤其要充分发挥媒体的舆论监督作用。大力宣传好的典型，向社会传递正能量，引领行业健康发展。同时，对不负责任的企业和个人，要毫不含糊地进行曝光，特别是在活动启动阶段，要以抓反面典型为主。他说，主流媒体对社会的影响很大，要通过宣传，真正在社会和行业形成抓质量、重责任的声势。

王宁强调，万里行活动要形成声势。这次邀请全国主流媒体、建设行业权威媒体和行业协会开展万里行活动，就是要在全社会造成影响，让全社会共同关注工程质量。希望新闻媒体加大宣传报道力度，提高报道频次，扩大宣传覆盖面，切实提升工程质量治理两年行动和万里行活动的影响力。

王宁要求，要加强媒体与媒体的互动、媒体与地方的互动、媒体与主管部门的互动，扎实做好宣传工作，推动工程质量治理两年行动深入开展。

工程质量治理两年行动自9月开展以来，引起了行业和社会的极大关注。住房城乡建设部下一步将加大治理力度，要求市县每4个月对在建工程质量进行一次全面排查，省、自治区、直辖市每半年检查一次，部每半年督察一次，并随机进行飞行检查，层层追究责任。

启动仪式由住房城乡建设部建筑市场监管司司长吴慧娟主持，工程质量安全监管司司长李如生介绍了工程质量治理两年行动的开展情况，并对万里行活动进行了部署。

（摘自《中国建设报》　李迎）

全国工程质量治理两年行动开局良好 各地执法检查力度进一步加大

按照住房城乡建设部《工程质量治理两年行动方案》要求，各地住房城乡建设主管部门统一思想，周密部署，按工作计划成立领导小组，制订具体方案落实相关要求，扎实稳步推进各项工作。目前，全国工程质量治理两年行动开局良好，正在全面有序地铺开。

2014年10月以来，北京、天津、河北、山西、内蒙古、江苏、安徽、福建、河南、湖北、湖南、广东、广西、贵州、西藏、陕西、青海17个地区分别召开了两年行动推进会或现场观摩会，对两年行动进行再动员、再部署。天津、上海、江苏、浙江、福建、江西、山东、河南、湖北、湖南、广东、四川、西藏、新疆等地对建筑市场和质量安全监督执法人员进行了培训，并对相关文件进行了宣传贯彻。

各地执法检查力度进一步加大。山东在各市县全面排查的基础上，组成8个督察组，对全省17个地市的在建工程项目进行了督导检查。吉林对全省在建的房屋建筑和市政公用工程进行了排查，涉及项目9653个。内蒙古开展建筑施工转包违法分包行为自查，涉及项目1534个。广东在广州等4地督察城市轨道交通工程质量安全检查情况。江西、宁夏、青海、云南等地相关督察工作也正在陆续开展。河北印发了《关于近两年房屋市政工程质量安全典型违法违规案例的通报》。

各地严格落实五方主体项目负责人质量终身责任制。河北、山西、内蒙古、江苏、安徽、福建、山东、湖北等地出台了落实工程质量终身责任制的相关文件，明确了法人授权书和责任承诺书样式，并将责任承诺书细化为建设、勘察、设计、施工、监理等样式。同时，要求对项目负责人责任承诺书和授权书进行备案，并建立项目负责人质量信用档案。河北、山东等地还增加了施工图审查、检测机构、预拌混凝土供应企业等责任主体。

各地社会监督机制逐步建立健全。辽宁出台《辽宁省建设领域不良记录管理办法（试行）》，在省住房城乡建设厅门户网站设立公布平台，在各专业信息网开通不良行为举报栏目，及时曝光不良行为。湖北、福建、河南、广西建立了建筑市场“黑名单”制度。

各地两年行动工作切实落到实处。北京启动了预拌混凝土生产使用质量专项治理两年行动。福建出台文件规范房屋与市政基础设施工程款支付管理并开展模板专项整治。湖北力推工程质量管理标准化，并针对相关工作出台了实施意见。内蒙古在工程勘察设计及施工图审查方面，着力部署落实两年行动方案。

此外，黑龙江以省政府名义出台了《关于规范工程建设领域秩序提升工程质量的意见》，湖南下发了《关于进一步加强保障性住房质量监督管理工作的通知》。

（摘自《中国建设报》　司宣）

住房城乡建设部召开部分地区建筑安全生产工作汇报会要求标本兼治抓好建筑安全生产

在工程质量治理两年行动深入开展之际，2014年12月24日，住房城乡建设部召开了部分地区建筑安全生产工作汇报会，通报当前建筑安全生产形势，进一步落实工程质量治理两年行动的各项部署。江苏、广西、黑龙江、山东、湖北5省区及苏州、南京、南宁、哈尔滨、青岛、潜江6城市住房城乡建设主管部门的负责人参加会议。

会议通报了当前建筑安全生产形势，截至2014年12月20日，全国共发生房屋市政工程生产安全事故500起、死亡612人，其中较大事故26起、死亡89人，总体形势比较严峻。会议要求坚持“标本兼治、综合治理”的原则，扎实做好建筑安全生产各项工作，切实保障人民群众生命财产安全。

会议就下一阶段建筑安全生产工作，要求各级住房城乡建设主管部门从治乱入手，深化工程质量治理两年行动，注重问责，注重处罚，绝不含糊，形成“不敢违法违规、不想违法违规”的局面，创造建筑安全生产有利条件；从治标入手，严肃认真开展安全生产监督检查，针对重点突出问题进行专项整治，严厉实施对责任主体的查处通报，促进建筑安全生产形势稳定好转；从治本入手，推进建筑施工安全生产标准化、规范化、信息化“三化”建设，构建建筑安全生产长效机制。会议还对岁末年初建筑安全生产工作提出了具体要求。

参加会议的地方住房城乡建设主管部门负责人针对本地区在建筑安全生产方面存在的问题进行了深刻剖析，交流了下一阶段改进建筑安全生产工作的思路，并表示在会后尽快落实会议要求，采取有效措施扭转工作被动局面。

（摘自《中国建设报》　曹莉）

本期焦点

聚焦《工程质量治理两年行动方案》

日前，住房城乡建设部召开“工程质量治理两年行动”电视电话会议，并下发《工程质量治理两年行动方案》。为了贯彻落实住房城乡建设部开展的为期两年的工程质量治理行动的总体部署，充分认识工程质量治理两年行动的重要性，中国建设监理协会在杭州召开了“贯彻落实住房城乡建设部《工程质量治理两年行动方案》暨建设监理企业创新发展经验交流会”。

会上，住房城乡建设部建筑市场监管司副司长刘晓艳对监理行业如何在两年行动中发挥作用做出重要指示。首要是落实项目负责人的质量终身制，做好对质量终身制的宣传和教育活动；二是严格履行监理职责，发挥监理的监管作用，杜绝执法不严、转包违法分包的现象；三是必须制定好规范的监理行业秩序和行业资质标准，全面整顿监理市场，构建充分发挥监理作用的良好环境；四是引导监理企业走科学技术创新道路，促进监理行业转型升级，企业必须注意强化自身建设，扩大业务范围和服务范围；最后，监理行业应继续加强理论研究，加强行业宣传，做好协会的桥梁和纽带作用。工程质量安全监管司工程质量监管处处长廖玉平总结了工程质量治理两年行动的主要工作内容并提出指导性意见。在工作内容方面，强调落实对五方主体项目负责人的工程质量终身负责制和突出强调项目监理的重要责任，健全工作质量机制和监理机制；加强监理自身建设；抓好实际质量监理中常见问题的治理。廖处长向广大监理行业人员和企业提出，必须高度重视工程质量两年行动，认真学习工程质量治理两年行动方案，加强监督执法检查，加大宣传两年行动方案力度，落实好质量责任终身制。

同时中国建设监理协会发布了落实两年行动《倡议书》，地方和工业部门行业协会及企业代表等发言表态。修璐同志作了“建设监理行业改革与发展暨建设监理企业转型与升级”主旨演讲。十四位企业代表作了交流发言。

建设监理行业改革发展与企业转型升级

中国建设监理协会副会长兼秘书长　修璐

一、建设监理企业为什么要转型升级

建设监理行业是政策环境依赖性行业，外部政策环境的改变对行业和企业发展会产生重大的影响。今年以来，国家行政管理体制改革在不断深化和落实，建设监理收费行政指导价格部分放开，转为市场调节价，强制性监理范围政策调整调研和试点工作在逐步开展，监理企业资质标准调整在征求意见，取消注册监理工程师行政审批制度改革在进行中，这些政策的调整在监理行业产生了极大的反响，引起了监理企业极大的关注。为什么政策调整和管理制度改革在监理行业引起如此大的震动呢，是否触动了目前监理企业生存的蛋糕？答案是清楚的：改革和政策调整触动了监理行业和企业的命根子，企业生存与发展受到了很大的影响。这不得不引发我们对建设监理行业在我国建设管理体制框架中定位和功能等深层次问题进行思考。从本质上说，这一现象说明国家规定的建设监理行政指导价格和强制性监理政策是监理企业生存的根本保障和依靠，是不可缺少的条件。一旦失去这一保障，将会动摇企业生存的根基，关系到企业的生死与存亡。同时也说明目前监理企业市场根基还不牢，信心不足。企业担心一旦失去政策保障，市场不一定会选择我们，顾主不一定会选择我们，即使选择我们价格也难以保证。如果是这样，我们需要进一步

思考的问题就是：监理行业目前是一个什么性质的行业，依靠什么支撑和推动行业的生存与发展？监理企业是市场经济发展过程中，市场需求催生和推动发展起来的企业吗？我们的行业地位和社会价值是否得到了社会的认可和市场顾主的承认？如果将建设监理企业完全推向市场，市场顾主会自愿地选择我们吗？经分析答案是否定的，起码目前大部分企业还不是。那么建设监理行业是政府对工程质量管理需要推动与政策扶持发展起来的行业吗？经分析答案是肯定的。建设监理制度是中国特色，是改革开放过程中，符合我国以政府为核心的行政管理体制建设需要的产物。如果是，一旦国家推进行政管理体制进行改革，政府改变和调整政策，而这种改变与调整又是必然的，是不以人的意志为转移迟早要发生的，我们监理行业和企业怎么办？是否也要作出必要的调整？

十八届三中全会和国家经济会议精神已经明确表明，将包括建设监理在内的工程咨询业完全推向市场，充分发挥市场在资源优化配置中的决定性作用。在市场经济条件下，市场需求才是引领企业生存与发展的根本动力，只有依托市场需求发展需要催生和推动发展的企业才有强大的生命力。满足市场需求，能为市场需求创造价值的企业才有生存和发展的机会。当然即使在市场经济条件下仍然会有实行强制性政策和标准的领域和建设项目，也会有一定的市场份额。其目的是保障工程质量安全基本工作程序的落实和成本的投入，工程项目主要集中在少量的政府投资项目上。实行强制性政策的项目追求的目标最主要的不是经济效益，更注重社会效益和公众利益。实行强制性政策的领域和建设项目随着政府行政管理体制，市场化改革的不断深化，将逐步失去市场主体形式的地位。因此摆在我们面前的问题是，在深化政府行政管理体制和市场化改革，建设监理行业被逐步推向市场的情况下，如何实现监理企业逐步转变成为市场需求驱动发展型企业，才是根本解决目前企业生存与发展遇到的困境问题。答案应该是：国家经济发展在转型升级，其他咨询行业也在转型升级，我们监理行业也需要适应政府职能和建设管理体制的转变，实现监理企业的转型与升级。

二、监理企业转型升级发展原则与思路

建设监理企业转型升级必须要坚持一定的原则。首先我国建设监理行业发展不能全面照搬西方做法，要坚持中国特色，要满足国情发展需要。目前国家仍然处在工程建设快速发展阶段，努力做好施工阶段监理，全面提升监理队伍整体素质、管理能力和技术水平是监理行业目前首要需要解决的问题。其次按照市场经济发展规律，监理企业不能够再同质发展了，要按市场需求结构建立企业功能结构和企业类型结构，实现企业差异化发展，形成多领域、多层次，知识密集型、智力密集型、服务密集型与劳动密集型、劳务密集型、现场监督型企业相结合，特点不同，能力互补的企业功能和类型结构。同时目前我国仍然处在工程建设快速发展期，保证施工阶段工程质量安全仍然是政府管理部门和社会关注的主要矛盾。保证工程质量安全是住建部当前重点工作，因此，在现阶段监理制度只能加强，不能削弱。但实现方式可进行调整或改革，由政府直接控制、管理方式逐步调整到以市场为平台，政府和社会共同控制与管理的方式上来。监理企业发展与经营思路也要适应发展需要进行必要的调整与转变，逐步调整到如何围绕市场需求，为业主提供更多高品质、高质量服务，创造更多、更大经济价值与社会价值方面来。从吃“政策保障饭”转移到吃“市场价值饭”，从吃“政府饭”转移到吃“顾主饭”方向上来。

企业转型升级思路要调整到为市场多方顾主服务需求，提供各种性质、专业、技术、管理等有价值和超附加值服务方面来。有什么样的市场需求就努力设法提供什么样的服务。服务中技术水平、管理能力与创新是根本，价值是核心。多方顾主应该包括政府部门，国有和社会建设企业、设计施工企业、投资机构、金融保险机构等等。多种性质服

务应该包括知识、智力、技术、管理等高端咨询服务，也包含劳动、劳务、监督、检查、采集第一手数据与信息的现场服务。多种专业、技术、管理咨询应该具备替业主完成对工程建设中业主所要完成的对各种专业，技术和管理的评估、建议和验收能力。为顾主创造价值是企业生存和发展的根本保证，只有能够为市场需求提供满意服务，并创造价值的企业才能生存与发展。

三、建设监理企业未来发展模式

按照市场化的模式，遵循市场经济规律和满足市场需求多样化的要求，建设监理企业类型结构应该是知识密集型、智力密集型、服务密集型企业与劳动密集型、劳务密集型、现场监督型企业相结合的组织结构，为社会市场多种需求提供各种服务的咨询服务企业。市场需求结构决定企业类型结构，形成多层次，多领域，具有不同服务内容和能力，优势互补，资源整合的各种类型企业。企业要根据服务能力和内容，在多层次市场上形成良性竞争的市场格局。

在企业业务内容方面，大部分企业还是要坚持做施工阶段工程质量安全监理工作。但企业要进步，要实现全面技术与管理能力升级。要通过标准体系建设将企业创造的无形价值有型化。要提高现场监控管理水平，实现现场监控数字化，档案、资料和文件管理实现信息化。部分有条件的企业要从施工阶段监理工作两头延伸，努力转型成为从事设计阶段，使用阶段维护、检测、加固、补强等建筑工程全生命周期监理工作的企业。同时部分工业企业要适应工程建设实施组织方式发展与转变需要，不断探索从事工程总承包全过程监理工作。部分有条件的监理企业要向咨询型企业转型，在做好监理工作的同时，探索开展设计、施工方案优化、技术咨询、管理咨询服务。部分有条件的监理企业，要向国际标准化的工程项目管理企业转型，为市场投资需求，从事项目策划、实施管理工作，实现对工程建设全过程中的管理与协调。

四、大型与中小型监理企业发展思路

建设监理企业规模有大小之分，在市场经济条件下不同规模的企业如何发展是企业必须思考的问题。

大型监理企业在发展过程中必须寻找和形成对中小型企业规模的比较优势，才能生存和发展。企业规模优势包括企业体量、技术力量、人力资源和市场规模等方方面面的优势。大型企业要努力探索和进入中小企业开发不了的高端技术和服务市场，提供中小企业无法提供的高端管理服务，形成中小企业无法实现的核心竞争能力。调整企业发展战略，向高端技术、咨询和管理服务市场发展，做大做强是大型企业发展的必然之路。同时大型企业要注意到资源优势并不等于资本优势，部分大型企业对人力资源的认识还停留在对资源的占有上，没有深化到对资源价值评估和资本量化上，与市场发展要求还有较大的差距。大型企业要坚持自然增长的发展模式，通过长期努力形成企业技术、管理和服务特色。在原有技术和市场基础上，依靠自身的资源和能力的积累与发展，形成品牌和核心竞争能力，提高企业市场竞争能力。大型监理企业优势与特点包括人才与专业配套优势；企业人员和服务能力规模优势；工程经验、技术水平与研发能力强优势；无形资产（品牌）与核心竞争能力优势；管理能力与技术装备先进优势；企业抗风险能力强和行业影响力大，话语权强优势等方方面面。大型监理企业发展方向应该向高端技术、咨询、管理和高端服务市场发展。开发小型企业开发不了的技术市场，提供小型企业提供不了的技术和管理服务，以尖端技术、综合和规模服务能力开拓市场，引领企业发展。

那么，在这种情况下，中小型企业是否就没有发展的空间和机会了呢？答案是否定的，在市场经济条件下，中小型企业也有广阔的发展空间和独特的发展优势。

中小型监理企业在发展中必须探索和形成对大型企业的比较优势才能生存与发展。要形成对大型、国有监理企业在体制、专业技术深化和个性化服务方面的比较优势，要扬长避短，企业要做优做强。中小型监理企业要充分利用体制优势，采用机械增长的发展模式，运用收购、重组、兼并、吸纳社会人力资源等方法，实现企业市场和技术领域的扩展和企业的快速发展。中小型监理企业的优势与特点是企业业务内容相对集中单一，容易集中所有企业资源在区域和局部形成技术、人力资源对大企业项目组的相对比较优势。其次，企业规模小，运作成本低，在市场经济中具有天生的价格比较优势。同时，企业一般在市、县区域内，更贴近市场，具备提供个性化和专业化服务的优势。在企业管理中，管理层次相对少，管理效率较高，捕捉市场信息及反应速度快，适合市场发展需要。中小企业资源整合方式更先进，更符合未来市场资源优化配置发展需要。中小型建设监理企业应向专业技术、专项管理和个性化服务市场发展。占领大型企业由于成本、规模、集中在大城市等因素，顾及不到、不能做、做不好的市场，提供大企业提供不了的专业技术精度和个性化管理服务。以精制大，以专制强，特性化和专业化服务为突破口，重点占领量大面广二级市场和小城镇市场是中小型企业发展的主要方向和模式。

随着建设行政管理制度改革的不断深化，市场化改革不断完善，建设监理企业必定将面临适应市场化发展的转型与升级问题。主动面对，认真探索，如何转型与升级是每个监理企业目前需要认真思考的问题。

中国建设监理协会倡议书

中国建设监理协会副秘书长　温健

2014年9月4日，住房城乡建设部召开“全国工程质量治理两年行动电视电话会议”，并印发《工程质量治理两年行动方案》，决定从今年9月起在全国开展为期两年的工程质量治理行动。为贯彻落实住房城乡建设部开展的“工程质量治理两年行动”总体部署，规范市场秩序，完善监理机制，发挥监理作用，保障工程质量，中国建设监理协会提出如下倡议：

一、统一认识，积极行动

全国监理企业和监理人员要统一思想认识，落实行动部署，积极做到：一要认真贯彻这次会议精神，落实工程质量治理行动方案；二要按照工作要求，认真进行自查自纠，建立健全质量保障体系，完善规章制度，规范市场行为；三要增强质量责任意识，落实总监理工程师对工程质量的终身责任；四要创建一批技术实力强、品牌影响大的监理企业，培育做优做强。

二、守法经营，公平竞争

监理企业和监理人员要守法经营，公平竞争，自觉维护建筑市场秩序。监理企业要按照《合同法》、《招标投标法》、《价格法》及《建设工程监理合同（示范文本）》的要求，签订监理合同，按政府指导价或依据服务成本、服务质量和市场供求状况等计取监理费用，不围标、串标，不签订“阴阳合同”，反对不正当竞争。监理人员要按照《建筑法》、《建设工程质量管理条例》、《建设工程安全生产管理条例》和《建设工程监理规范》的规定，依法依规开展工作。

三、科学管理，技术创新

监理企业和监理人员要坚持科学管理，创新服务模式，积极开展监理与项目管理一体化服务。要推广应用包括BIM技术、计算机技术、网络技术和通信技术等信息化服务手段，提高监理服务科技含量，推动技术创新。建立健全监理工作考核制度，健全质量管理体系，加强对总监理工程师履职情况的检查，推进监理工作规范化、标准化建设。多渠道、多层次地加强监理人员教育培训，引进和培养一批懂技术、懂管理的复合型高端人才，提高监理队伍整体素质和业务能力。

四、履职尽责，严格把关

监理企业要选派具备相应资格的总监理工程师和监理人员进驻施工现场，加强对项目监理机构的监督管理。项目监理机构要落实监理人员岗位职责，加强对施工质量的巡视、旁站和平行检验，加强对进入施工现场的工程材料、构配件和设备的质量检查与验收，加强对隐蔽工程、检验批、分部分项工程、单位工程的质量验收与签认，严格把好工程质量关。不得弄虚作假降低工程质量，不得将不合格的建筑材料、构配件和设备按照合格签字。作为工程建设五方责任主体之一的总监理工程师，要按规定签订工程质量承诺书，认真做好总监工作，共同承担起工程质量终身责任。

五、诚实守信，廉洁自律

监理企业和监理人员要增强诚信意识，自觉遵守行业自律公约和职业道德准则，恪尽职守、爱岗敬业、提供优质服务。创建学习型监理企业，培育优秀监理企业文化。加强行业自律管理，建立信用评价体系，实行自我管理、自我教育、自我监督。严禁监理企业转让监理业务，出租、挂靠企业资质，超越企业资质范围承揽业务。严禁监理人员利用工作之便“吃、拿、卡、要”，谋取不正当利益。

六、协会引导，共同落实

监理行业协会要在工程质量治理行动中发挥宣传、引导、督促、自律、服务等作用，落实工程质量治理两年行动方案，推进企业技术创新和依法经营，担负起行业发展与自律管理的重任，探索完善行业的诚信体系建设，积极为政府主管部门完善监理法规制度提供有价值的意见和建议，为监理事业发展营造良好的环境；要建立和完善行业自律机制，发布行业自律公约和职业道德行为准则，促进监理事业健康发展。

监理企业及监理人员要始终牢记“百年大计、质量第一”的方针，要本着对历史、对人民、对社会负责的态度，发挥监理作用，保障工程质量，维护社会公众利益。让我们携手并肩，共同落实全国工程质量治理两年行动方案，为监理事业的健康发展作出积极贡献。

附件　总监理工程师对控制工程质量的主要工作

一、签订总监工程质量承诺书，依法依规依合同实施监理；

二、组织编制监理规划，确定项目机构人员，明确岗位职责，按合同约定配备监理人员和设施；

三、组织审查施工组织设计、施工方案，审批监理实施细则；

四、组织检查施工现场质量管理体系建立和运行情况，审查分包单位资质；

五、安排对工程施工质量进行巡视和平行检验，对关键部位或工序安排人员进行旁站监理；

六、组织对新材料、新工艺、新技术、新设备的质量认证材料和相关验收标准进行审查；

七、组织验收隐蔽工程、检验批、分项分部工程，审查工程变更方案；

八、对监理过程中发现施工存在质量问题，及时签发监理通知单，提出整改要求，并督促落实；

九、对施工单位违反工程建设强制性标准或违法违规施工，或发现施工存在重大质量事故隐患，应签发暂停令，按规定向建设单位和行政主管部门履行报告义务；

十、组织编写工程质量评估报告和监理工作总结，参加工程竣工验收。

地方和工程部门行业协会及企业代表响应倡议发言

北京市建设监理协会会长　李伟

为落实治理两年行动方案和要求，我们认为应该做到以下几点：

第一，下大力气加强监理队伍的建设，提高监理人员素质。从改变行业形象的基础性工作开始，从各地行业协会和监理企业自身做起，制定具体措施，加大培养人才，争取使监理人才队伍逐步进入良性循环的轨道。

第二，加大监理工作方法，监理手段创新的力度，推广运用云技术、网络技术、通信技术等信息化服务手段，提高监理的科技含量，推动技术创新。

第三，加强监理工作标准化工作。从现场监理工作的具体细节开始，以监理工作标准化提升短板，进而提高监理工作整体水平。

第四，要从行业发展考虑问题，形成合力，营造改变行业形象的整体优势。

我们认为，改革是大势所趋，改革是最大红利，监理制度是改革开放的产物，改革必将使监理制得到加强和完善。监理行业要顺势而为，主动求变，在改革中不断完善自我，不断发展壮大。

中国铁道工程建设协会副秘书长兼监理委员会主任　肖上潘

我代表工业部门、协会分会、专业委员会郑重承诺：

第一，加强学习引导，充分认识落实“工程质量治理两年行动方案”的重要性，结合实际，加强教育引导。第二，健全完善工程监理质量管理制度，深化标准化管理。第三，按照监理规范的要求认真履行职责，认真落实住建部建设工程五方主体的项目负责人质量终身追究办法，诚信经营，同时加大质量检查，完善监理人员上岗培训制度。第四，强化行业自律，发挥行业协会和专业协会组织在工程质量治理行动中的宣传、引导、治理以及服务作用，担负起行业发展与治理的管理责任，进一步加强职业道德教育。第五，加强组织协调，确保工程质量治理行动健康有序。

“百年大计，质量第一”，做好工程质量治理工作任重道远，让我们以更加坚定的信心、有力的措施狠抓工程质量和各项工作的落实，全面提高工程质量的水平，确保工程质量治理目标的实现，为促进监理企业健康持续的发展作出我们的贡献！

上海建科工程咨询有限公司总经理　何锡兴

建科监理咨询公司的监理项目超过200多个，点多面广，高大深难精的项目多，为了落实好专项治理的要求，充分履行监理职责，真正担负起应有的社会责任，建科监理咨询公司提出一要创新质量管理体系，充分发挥监理作用；二要规范运行管理机制，切实履行监理职责；三要落实专项治理方案，不断地提升企业治理内能力。另一方面，立足长远，打造专业能力，针对监理能力，我们对总监提出了四个熟悉：一是熟悉相关的法律法规及工程建设标准；二是熟悉建设工程的文件；三是熟悉建设工程监理合同和其他的合同文件；四是要熟悉施工环境和条件。我们认为，这次专项治理工作是工程建设从中国速度转向中国质量的重要转折，上海建科咨询公司将牢记“百年大计，质量第一”的方针，坚持质量是企业生命的理念，严守协会倡议，提高管理能力，与兄弟单位一起为推进行业发展作出应有的贡献。

中咨工程建设监理有限公司总经理　杨恒泰

作为监理企业，我们一要建立健全质量保障体系，完善各项规章制度，加速推进公司的能力建设，规范自身的市场行为，杜绝项目转包挂靠，自觉接受行业主管部门的监督。二要履职尽责，严格把关。认真履行《建筑法》《建筑工程质量管理条例》，对工程质量进行全面管理，重塑行业形象，净化监理市场环境。三要努力探索监理工作的规范化、标准化、制度化和精细化的管理模式，提高监理服务质量和管理水平，打造公司的核心竞争力。四要继续开展学习型的企业建设活动，打造一支业务精、能力强、品德好的突破性人才队伍。

“工程质量治理两年行动”，对我们监理企业而言，不仅仅是平凡的检查和监督，更是行业转型升级的发展机会，同时，也为我们创造出更多的新的业务机遇。让我们在住建部的统一领导下，携手并肩，共同落实工程质量治理行两年行动方案，为监理行业的健康发展作出我们更大的贡献！

扬州市建苑工程监理有限责任公司董事长　魏云贞

作为中小监理企业的代表，我们认为：

第一，深刻领会和理解工程质量治理行动的精神。一要推动质量工程责任制的落实，二要严厉打击转包、违法分包、挂靠等行为，三要健全质量监督机制。

第二，质量治理行动贵在贯彻落实。监理企业自身要成为这次专项治理活动的表率，做到不挂靠别人，也不让别人挂靠，认真树立和规范各种分公司和办事处分支机构的监理行为，不能顾此失彼，多目标要同时管控。监理的价值不仅仅在于质量管控，投资目标、进度目标和项目建设的安全风险控制也一样要实现。

第三，廉洁诚信，履职尽责。这次专项治理活动，给予包括总监在内的五方责任主体以特别的权重权利地位的同时，明确了包括经济责任在内的各种责任，明确质量终身责任制，有助于从根本上遏制其侥幸心理，遏制串通一气的念头，给监理企业一个有利的管理抓手。

作为从业人员，不要在这个过程中迷失方向，任何时候都没有理由和借口丢掉建设工程安全和质量两个主题，否则我们的工程管理价值失去了存在价值，我们的工程质量管理也失去了核心目标。

在贯彻落实住房城乡建设部工程质量治理两年行动方案暨建设监理企业创新发展经验交流会上的总结报告

中国建设监理协会副会长　王学军

同志们：

贯彻落实住房城乡建设部工程质量治理两年行动方案暨建设监理企业创新发展经验交流会今天圆满结束。住房城乡建设部对这次会议高度重视，建筑市场监管司副司长刘晓燕、工程质量安全监管司质量处处长廖玉平同志到会做指导，他们结合建筑市场和监理行业实际，对建筑市场和监理行业现状进行了剖析；对规范建筑市场行为，落实责任追究，进一步发挥监理作用，履行监理职责，尤其是总监理工程师职责，保障工程质量安全提出了要求。副会长修璐同志做了《建设监理行业改革与发展》报告，深入分析了监理行业现状和面临的机遇与挑战，为监理企业改革持续发展提出了思路。会后，我们要认真学习，联系监理工作实际进行落实。

为贯彻落实部工程质量治理两年行动方案，中国建设监理协会发布了《倡议书》，北京市建设监理协会代表地方监理企业、中咨工程建设监理有限公司和上海建科工程咨询公司代表国有大型监理企业、中国铁道工程建设协会代表工业部门监理企业、扬州市建苑工程监理有限责任公司代表中小监理企业在大会上作了响应“倡议”发言，一致认为，开展“工程质量治理两年行动”对于规范建筑市场秩序，优化建筑市场环境，强化工程建设各方主体质量责任，保障建设工程质量安全，促进建筑业持续健康发展，具有现实意义。《工程质量治理两年行动方案》目标清楚、任务明确、措施具体，可操作性强。中国建设监理协会发布的《倡议书》，符合工程治理方案要求和监理行业实际，提出的《总监理工程师对控制质量的主要工作》，对项目总监履行职责、严格控制工程质量，具有很强的指导性。大家一致表示，要认真贯彻此次会议精神，积极落实《工程质量治理行动方案》，进一步规范自身市场行为，建立健全质量保障体系，增强质量责任意识，牢固树立“百年大计、质量第一”的思想。坚持依法依规履行监理职责，认真落实项目总监对工程质量的终身责任。自觉接受行业主管部门监督管理，为保障建设工程质量做出贡献。

中国建设监理协会王学军副会长作大会总结报告

会上，浙江江南工程管理公司等14家监理企业负责人介绍了他们树企业形象、创企业品牌、加强企业信息化管理、提高监理科技含量、开展监理与项目管理一体化服务等创新发展经验。山东营特建设项目管理公司徐友全等9位企业负责人分别就建立和谐团队、规范企业管理、提高监理科技含量、监理与项目管理一体化、廉洁执业等与大家进行了互动交流。市场司、质量司、中国监理协会领导的讲话和企业的经验介绍及互动交流，对进一步发挥监理作用，推动监理工作改革创新和监理企业持续健康发展必将产生指导和引导作用。下面我讲几点意见。

一、充分认识开展“工程质量治理”的重要性

改革开放以来，随着国家和民间投资的不断加大，工程建设项目在不断增加，建设规模在不断扩大，工程建设的任务很重。为保障工程质量和投资效益，杜绝工程质量事故出现，国家先后推行项目法人责任制、招标投标制、工程合同制和工程监理制。这些制度的实行，对于保障工程质量和投资效益起到了重要的作用，也收到了良好的政治、经济和社会效果。但近些年以来，确实存在建筑施工转包和违法分包等破坏建筑市场秩序，影响质量安全的行为。为进一步规范建筑市场秩序，营造良好的市场环境，保障工程质量，促进建筑业持续健康发展，部里开展“工程质量治理两年行动”，目的是取缔工程转包、违法分包、挂靠等违法违规行为，健全保障工程质量机制，保障工程质量安全。

监理企业和监理人员，要树立大局意识、政治意识和责任意识，自觉把思想集中到对工程质量治理的部署和中国建设监理协会“倡议”上来，把规范监理企业市场行为纳入到规范建筑市场秩序之中，把保障建设工程质量落实到项目监理人员的行动中，把工作凝聚到实现工程质量治理目标上来。充分认识工程监理人员，尤其是项目总监所肩负的质量安全责任，牢固树立“百年大计、质量第一”意识，不断增强保障工程质量安全的责任感、使命感和荣誉感。完成建设单位、政府和社会高度关注的保障建设工程质量安全的监理任务，监理出让建设单位放心、让政府和人民满意的优质工程。

二、完善工程质量监理机制、强化督促落实

落实“工程质量治理两年行动方案”要求，积极开展质量行为标准化和实体质量管控标准化活动。一是建立健全工程质量管理机制，强化工程质量监管。做到监理程序标准化、配备人员标准化、现场管理标准化和过程控制标准化。二是认真履行监理合同义务，选派约定的总监理工程师和监理人员进驻施工现场，严格落实建设工程质量标准。三是明确监理人员质量安全责任，强化监理人员岗位职责落实，尤其是项目总监责任落实。四是建立企业项目检查制度，规范监理企业对项目现场监理人员履职情况检查工作，加强对项目监理活动过程管理和控制，确保监理人员到位，严格履行职责。

三、突出重点，推动工程质量治理方案落实

工程质量治理行动，涉及落实建设五方主体项目负责人质量终身责任，打击建筑施工转包违法分包行为，健全工程质量监督、监理机制，大力推动建筑产业现代化、切实提高人员素质等方面。我们要突出重点、抓住关键落实。一是强化总监质量安全责任。切实落实总监对工程质量终身负责制。总监要主动签署项目质量终身责任承诺书，严格履行总监职责，认真做好总监理工程师控制质量十项主要工作，对项目设计使用年限内，与承担建筑工程项目建设单位、勘察单位、设计单位、施工单位项目负责人共同承担起质量安全责任。二是强化监理人员职责。监理人员要按照《建设工程监理规范》要求，依据法律法规、工程建设标准、勘察设计文件和监理合同约定，对施工阶段建设工程质量进行控制。在旁站、巡视、平行检验工作中，发现存在工程质量事故隐患的，要以国家、人民利益为重，敢于坚持原则，按规定采取措施。对施工过程中的隐蔽工程、重大危险源工程要加强监控，防止质量事故隐患。对进场的工程材料、构配件和设备要严格验收，不弄虚作假。对违法违规施工行为，要坚决抵制，按规定向建设单位和主管部门报告。三是完善监理人员培训上岗制度，加强对非注册监理人员上岗培训，提高监理人员质量控制能力，对

工程质量实施有效监督。四是有条件的监理企业，积极推广应用包括BIM、计算计、网络和通信等信息化技术，提高监理服务科技含量。五是坚持工程质量是监理首要职责，自觉纠正麻痹侥幸思想和懈怠工作情绪，始终坚持依法依规诚信监理，确保工程质量安全。

四、强化行业自律、确保工程质量治理取得成效

地方行业协会和专业分会，要做好“工程质量治理两年行动”的宣传、引导、督促落实工作，担负起引导行业发展与加强行业自律管理的责任。要引导培育一批技术力量强、品牌影响大的大型监理企业拓宽经营范围，做优做强，跨入国际工程咨询先进行业；中型监理企业，利用人才优势，积极向监理与项目管理一体化方向发展；小型监理企业，在做专做精上下功夫，创造自己的品牌。

探索完善诚信体系建设，目前湖南、安徽、山西、天津、宁波、重庆、贵州等省市协会在做这项工作，各有特点：有的建立了“从业人员数据库”，有的制订了“诚信评价标准”和“诚信评价办法”，有的配合建设行政主管部门建立了建筑市场监理信息平台，有的将监理企业诚信与招投标挂钩，均取得了促进监理企业诚信发展的效果。进一步加强行业诚信体系建设，规范监理企业市场行为和从业人员职业道德行为，引导企业和从业人员遵守“行业公约”和“职业道德行为准则”，将“倡议书”提出的守法经营、公平竞争，科学管理、技术创新，履职尽责、严把质量关，诚实守信、廉洁执业落实在行动中，使行业公约、职业道德、诚信理念内化为职工保质量的自觉行动。牢固树立法制意识、责任意识，质量第一意识。监理企业自觉做到不转让、出借资质，不接受挂靠行为，不压价参与市场竞争。监理人员自觉树立诚信意识，不以岗位谋取私利，严守道德底线。充分利用建设主管部门建立的建筑市场和工程质量安全监管一体化工作平台，推进监理行业诚信建设，加强行业自律。这次会上，还进行了《中国建设监理与咨询》杂志首发仪式，希望大家支持行业文化建设，踊跃撰稿，总结推广监理改革发展经验和理论研究成果，使全行业共同借鉴和受益。

地方协会和专业分会，要贯彻落实这次会议精神，认真做好宣传、督促落实工作。监理企业要认真将工程质量治理行动要求落在实处，将这次会议介绍的经验做法，与本企业实际相结合，发挥各自比较优势，走出一条符合本企业实际的创新发展道路。让我们携起手来，为工程质量治理取得预期成效，为监理事业持续健康发展而共同努力工作。

代表发言摘要

在杭州召开的“贯彻落实住房城乡建设部《工程质量治理两年行动方案》暨建设监理企业创新发展经验交流会”上，14位企业代表分别作了交流发言，仔细分析监理行业面临的挑战和机遇，分享了各企业在整合资源、优化配置、拓展海外市场、建立数字化管理平台、构建综合产业链、探究企业文化、推进股权改制和一体化服务、打造差异化发展优势，以及以人为本推进企业持续发展等各方面的经验。

企业创新发展之路

浙江江南工程管理股份有限公司董事长　李建军

在激烈的市场竞争中，任何一个企业想要获得生存与发展的市场空间，都要有独特的竞争优势。这种竞争优势，可以是独具特色的产品，也可以是比竞争对手更低的成本支出，或者是领先于他人的专业技术，还可以是高效灵活的企业机制与管理体系等。

浙江江南工程建设管理股份有限公司董事长李建军介绍了自身创新之路，总结回顾了企业发展的三十年历程，尤其是企业完成改制后的十二年来，在无政府背景和国有母企庇荫的情况下，从体制创新、管理模式创新、市场开拓创新、人才培养创新到技术研究创新五方面对企业自身进行创新与改变，坚持企业发展是硬道理，抓住企业转型升级、提升竞争力的各个重要契机，积极探索，勇于实践，走出了一条具有江南管理特色的企业创新发展之路。

打造卓越品牌　致力行业领先

武汉宏宇建设工程咨询有限公司副总经理　王承东

根据《工程咨询业2010~2015年发展规划纲要》的要求，我国工程咨询业亟需通过提升创新发展能力，以适应我国经济社会发展更加国际化、更加开放化的总体要求。我们必须认识到，企业的竞争是全方位的，没有一个企业可以躲在避风港里，能够避免竞争压力。我们还应该认识到，企业创新能力的提升是企业竞争力提高的标志。创新能力的高低，直接关系到一个企业竞争力的强弱。关于创新，其内涵是多方面，既有产品和服务创新问题，也有企业组织创新问题，还有机制创新问题等。只有综合考量，多方着手，才能实现真正意义上的企业创新。

武汉宏宇建设工程咨询有限公司副总经理王承东从人力资源、企业文化、管理体系、经营策略、信息化建设等多个方面介绍了企业的创新发展成果。

改革与创新

重庆联盛建设项目管理有限公司董事长　雷开贵

重庆联盛建设项目管理有限公司成立至今，历经了短暂而又漫长的20年，在改革中寻找生存机会，在企业改制中诞生。在不断地创新企业经营理念、创新企业运行机制、创新管理制度、创新分配制度中发展，完成了三次变革，实现了三次大的飞跃。

重庆联盛建设项目管理有限公司董事长雷开贵重点介绍了改制十一年以来在改革与创新、生存与发展方面的探索与尝试，分别从把握企业发展方向、提炼企业文化、培养造就人才、规范市场行为及技术管理创新等方面进行了详细阐述，探究了公司快速发展、获得较好社会与经济效益的原因。

持续创新　致力于为客户提供卓越的工程技术咨询服务

西安高新建设监理有限责任公司董事长　范中东

路线是纲，纲举目张。保持既定的，也为实践所证明的企业运营模式，并且与时俱进，持续创新，是企业的不二选择。西安高新监理公司成立至今，始终将“创建具有公信力名牌企业”作为愿景，脚踏实地，矢志不移，逐渐形成“创造价值，服务社会”的经营理念、“以安全监理为核心，以质量控制为重点”的监理工作方针、“员工与企业共同发展”的企业文化等具有“高新监理”特色的理论和理念体系。

西安高新建设监理有限责任公司董事长范中东以自身企业发展的理念和思路，介绍了公司在工作中的方法，着重就公司对监理服务品质的策划、管控，以及现场监理服务方法手段的不断完善与创新进行经验分享与交流，以期对中小监理企业的发展有所启迪。

创造价值，满意服务

浙江五洲工程项目管理有限公司董事长　蒋廷令

十八大以来，科学发展、转型升级成为国家主旋律，建筑行业也面临着前所未有的改革压力：《关于推进建筑业发展和改革的若干意见》、《两年行动方案》、五方责任主体的明确等，均已表明今后“市场在资源配置中将起决定作用”。五洲将“创造价值，满意服务”理念升格为企业核心价值观，立足监理服务的本质，回归监理价值的本源，做有作为的监理企业。

浙江五洲工程项目管理有限公司董事长蒋廷令就“过去的五洲，现在的五洲，未来的五洲”三个部分进行了经验分享与交流，共同探讨在新形势下，监理企业如何通过“创造价值，满意服务”，赢得新的发展机遇。

打造京兴品牌　做优做强监理企业

京兴国际工程管理有限公司董事长　李明安

建筑业改革的进一步深化，对监理企业的影响也在逐步显现，如何应对建筑业的改革将成为监理企业思考和研究的课题。最近，王宁副部长在全国工程质量治理两年行动电视电话会议上提出，完善监理机制，进一步发挥监理作用，培育一批有实力的骨干监理企业做优做强。京兴国际工程管理有限公司董事长李明安结合公司的发展历程，从打造企业品牌、健全管理体系、提升信息化管理水平、建设高素质人才队伍、打造企业文化等几方面做优做强监理企业进行了经验交流。相信以实力为根基，以诚信为生命，以市场为导向，监理企业就一定能做优做强。

抓住机遇　创新驱动　全面开创公司发展新局面

上海斯耐迪工程咨询监理有限公司总经理　赵有生

面对日益激烈的市场竞争，企业要形成核心竞争力，必须要打破旧思维模式，摒弃旧习惯做法，大胆创新，大胆改革，大胆实践。

上海斯耐迪工程咨询监理有限公司总经理赵有生介绍了公司创新发展成果。通过不断完善体系建设，建立适合企业标准、行业标准、国家标准三层体系模式；通过资源整合，实现业务范围全方位覆盖工程监理、技术咨询、工程总承包等领域；利用自贸区优势，加强国外市场开拓，开展国际业务合作；人才强，则公司强，通过加强人才队伍建设，坚持“人才兴企”战略，打造一支年轻化、知识化、专业化、精干高效的人才队伍，为企业发展提供持久动力；通过推行股权改制，探索国有企业股权多元化，提高市场竞争力，增强企业综合实力，促进企业长远发展。

建设监理企业开展项目管理服务的实践与思考

宁波高专建设监理有限公司董事长　张文戈

为了适应我国投资体制改革和建设项目组织实施方式改革的需要，同时也为了增强企业竞争力，越来越多的监理企业开始从事项目管理服务。

宁波高专建设监理有限公司董事长张文戈介绍了公司在做精、做强监理业务的同时，积极开展项目管理服务的基本情况，分享了公司开展项目管理服务的经验，指出标准化管理、技术管理、合约管理是项目管理的核心工作，要树立市场意识和责任意识，同时加强队伍建设、机构建设和制度建设，从而实现企业效益和信誉的同步提升。

服务创新助推企业转型升级

安徽国华建设工程项目管理有限公司监理部副经理　倪进斌

目前国家宏观经济进入转型升级之时，企业也必须适应市场，采取相应的措施提高企业的技术水平，改变发展思路，为企业增效，为社会服务。

安徽国华建设工程项目管理有限公司监理部副经理倪进斌分析了制约监理企业发展的瓶颈，提出了发展项目管理“四位一体”的一站式服务模式的创新观念，从项目前期策划、立项到规划设计、施工组织、监理再到工程造价、竣工验收、交钥匙，在项目全过程代表业主行使权利，并为业主提供合理化建议，同时分享了企业在队伍建设与技术创新方面的经验与成效。

开拓谋生存 创新求发展

山西神剑建设监理有限公司董事长　林群

山西神剑建设监理有限公司董事长林群面对行业变革，从自身出发，狠抓项目监理部建设，实现管理与形象标准化、工作内容与程序规范化、整体与个体形象统一化。加强经营开发，提高市场占有率。同时在创新中求发展，通过制定关键监理资料的司标、设立“督察部”等方式，提高产品质量，树立“神剑”品牌，进而实现向管理要效益、向品牌要效益，实现公司可持续、健康、平稳发展。

以诚信优质赢市场　谱转型发展新篇章

上海市建设工程监理咨询有限公司董事长　龚花强

十八届三中全会制定了全面深化改革、促进经济建设的大政方略，提出要充分发挥市场在资源配置中的决定性作用，大力推进新型城镇化建设、城乡发展一体化等，并出台一系列配套改革政策，特别是对建设监理的政策调整。这对工程咨询企业而言既是机遇，又是重大挑战。

上海市建设工程监理咨询有限公司董事长龚花强分享了公司在“诚信、创新、增值、典范”价值观的指引下，努力调整结构促进监理业务升级，不断拓展工程咨询业务，在与升级转型相关的人才培养、知识管理、综合信息管理、企业文化建设等方面，创新思路，采取有效举措，取得经营优异业绩，推动企业转型发展的经验与成绩。

用标准化努力构建专业化的监理企业

杭州信达投资咨询估价监理有限公司执行总经理　吕艳斌

随着改革的深化，监理行业要生存与发展，只能依靠提升自己，找出自己的生存能力、创新能力、发展能力，在市场的红海之中闯出一片蓝海——海阔凭鱼跃。

杭州信达投资咨询估价监理有限公司执行总经理吕艳斌分享了企业标准化建设过程中的经验与成效。监理企业的标准化的过程必然是长期的，充满困难与挑战的，需要监理企业与监理人员不懈地坚持。通过推进便捷的、可视化的、全员参与的标准化建设，提升监理服务水平，同时积累优质客户、形成战略合作关系。

持续发展之本　创新发展之路

广州市穗芳建设咨询监理有限公司常务副总经理　彭晖

经济全球化的发展进程，对传统体制的监理企业带来巨大的冲击，它们很难继续适应市场经济发展的需要；同时，取消强制监理的试点和政府定价向市场定价转移，将会给监理企业带来巨大的挑战。监理企业要生存、要发展，就必须要创新。

广州市穗芳建设咨询监理有限公司常务副总经理彭晖介绍了企业成立15年来的发展历程，分享了企业在创新发展方面取得的成绩，创新的发展不但融入了企业发展的战略层面，也融入了咨询业务的增值特色服务、成本管控以及应对未来挑战的方方面面。始终坚持把创新视为企业持续发展的生命线，不断开拓增值业务，立足于为客户创造价值。

以法律为核心多元化创新　推动监理咨询可持续发展

天津市森宇建筑技术法律咨询集团总裁　徐钢

天津市森宇建筑技术法律咨询集团总裁徐钢分享了企业复合型模式的创新与实践经验。森宇的创新管理模式中，核心创新点就是将传统的监理业务向施工阶段进行前后延伸，复合如招标代理、造价咨询等其他多元化咨询业务，并在技术服务的同时强调法律的全过程控制，注重对主体业务进行前后延伸，注重对风险的前期评价、预估和制定相应的预控及适时启动法律程序，形成具有森宇独特核心竞争力的带法律服务的工程项目管理咨询服务模式。

关于表扬2013~2014年度先进工程监理企业、优秀总监理工程师、优秀专业监理工程师及监理协会优秀工作者的决定

中建监协[2014]79号

为促进工程监理事业健康发展，鼓励工程监理企业不断创新以适应改革发展的要求，激发监理人员的诚信敬业精神，按照《关于中国建设监理协会在会员内开展2013~2014年度表扬先进活动的通知》（中建监协[2014]53号）的工作要求，2013~2014年度先进工程监理企业、优秀总监理工程师、优秀专业监理工程师及监理协会优秀工作者的评选工作已经结束。经研究，决定对评选出的北京双圆工程咨询监理有限公司等124家先进监理企业、北京银建建设工程管理有限公司曹阳等113名优秀总监理工程师、北京建院金厦工程管理有限公司李文颖等109名优秀专业监理工程师、北京市建设监理协会杨淑华等54名监理协会优秀工作者给予表扬。

希望荣获表扬的工程监理企业、总监理工程师、专业监理工程师及协会工作者再接再厉，不断进取，再创佳绩。同时希望广大监理工作者向他们学习，努力钻研监理业务，不断提高监理工作水平，为我国工程监理事业的持续健康发展作出新的贡献。

中国建设监理协会

2014年12月26日

附件1　2013-2014年度先进工程监理企业名单124家（排名不分先后）

1　北京双圆工程咨询监理有限公司
2　北京逸群工程咨询有限公司
3　北京方圆工程监理有限公司
4　北京建工京精大房工程建设监理公司
5　北京赛瑞斯国际工程咨询有限公司
6　北京四方工程建设监理有限责任公司
7　北京兴电国际工程管理有限公司
8　中咨工程建设监理公司
9　泛华建设集团有限公司
10　天津电力工程监理有限公司
11　天津市华泰建设监理有限公司
12　河北中原工程项目管理有限公司
13　河北工程建设监理有限公司
14　山西省交通建设工程监理总公司
15　山西省煤炭建设监理有限公司
16　山西省建设监理有限公司
17　山西和祥建通工程项目管理有限公司
18　内蒙古瑞博工程项目管理咨询有限公司
19　内蒙古金鹏建设监理有限公司
20　黑龙江正信建设工程管理有限公司
21　黑龙江百信建设工程监理有限公司
22　中国市政工程东北设计研究院咨询公司
23　沈阳市振东建设工程监理股份有限公司
24　大连泛华工程建设监理有限公司
25　上海同济工程项目管理咨询有限公司
26　上海市工程建设咨询监理有限公司
27　上海海龙工程技术发展有限公司
28　英泰克工程顾问（上海）有限公司

29 山东省建设监理咨询有限公司
30 青岛高园建设咨询管理有限公司
31 青岛市工程建设监理有限责任公司
32 山东东方监理咨询有限公司
33 山东省工程监理咨询有限公司
34 山东德林工程项目管理有限公司
35 青岛华鹏工程咨询集团有限公司
36 江苏建科建设监理有限公司
37 苏州工业园区建设监理有限责任公司
38 南京工大建设监理咨询有限公司
39 江苏赛华建设监理有限公司
40 江苏国兴建设项目管理有限公司
41 江苏兴盛工程咨询监理有限公司
42 合肥工大建设监理有限责任公司
43 马鞍山迈世纪工程咨询有限公司
44 浙江工程建设监理公司
45 浙江天成项目管理有限公司
46 杭州天恒投资建设管理有限公司
47 浙江明康工程咨询有限公司
48 浙江求是工程咨询监理有限公司
49 浙江五洲工程项目管理有限公司
50 江西省建设监理有限公司
51 江西瑞林建设监理有限公司
52 福州成建工程监理有限公司
53 厦门兴海湾监理咨询有限公司
54 厦门象屿工程咨询管理有限公司
55 河南立新监理咨询有限公司
56 河南建达工程建设监理公司
57 湖北鄂电建设监理有限责任公司
58 武汉华胜工程建设科技有限公司
59 武汉宏宇建设工程咨询有限公司
60 湖南电力建设监理咨询有限责任公司
61 湖南湖大建设监理有限公司
62 广州建筑工程监理有限公司
63 广州珠江工程建设监理有限公司
64 广东工程建设监理有限公司
65 广东重工建设监理有限公司
66 深圳市龙城建设监理有限公司
67 珠海市工程监理有限公司
68 广州万安建设监理有限公司
69 广州轨道交通建设监理有限公司
70 广东国信工程监理有限公司
71 广州宏达工程顾问有限公司
72 广西华蓝工程咨询管理有限公司
73 南宁品正建设咨询有限责任公司
74 海南航达工程建设监理有限公司
75 重庆赛迪工程咨询有限公司
76 中国华西工程设计建设有限公司
77 四川省兴旺建设工程项目管理有限公司
78 四川元丰建设项目管理有限公司
79 成都衡泰工程管理有限责任公司
80 四川康立项目管理有限责任公司
81 昆明建设咨询监理有限公司
82 贵州三维工程建设监理咨询有限公司
83 陕西中建西北工程监理有限责任公司
84 西安众和市政工程监理咨询有限公司
85 陕西华茂建设监理咨询有限公司
86 陕西省工程监理有限责任公司
87 陕西中安工程管理咨询有限公司
88 甘肃三轮建设项目管理有限公司
89 宁夏巨正建设监理有限公司
90 宁夏城乡建设监理有限公司
91 青海百鑫工程监理咨询有限公司
92 新疆天麒工程项目管理咨询有限责任公司
93 新疆昆仑工程监理有限责任公司
94 中国水利水电建设工程咨询中南有限公司
95 中国水利水电建设工程咨询西北有限公司
96 浙江华东工程咨询有限公司
97 京兴国际工程管理有限公司
98 郑州中兴工程监理有限公司
99 中汽智达（洛阳）建设监理有限公司
100 北京希达建设监理有限责任公司
101 长沙华星建设监理有限公司
102 武汉天元工程有限责任公司
103 连云港连宇建设监理有限责任公司
104 吉林梦溪工程管理有限公司
105 廊坊中油朗威工程项目管理有限公司
106 重庆兴宇工程建设监理有限公司
107 胜利油田胜利建设监理有限责任公司
108 北京铁研建设监理有限责任公司

109 上海华东铁路建设监理有限公司
110 武汉桥梁建筑工程监理有限责任公司
111 中煤邯郸中原建设监理咨询有限责任公司
112 煤炭工业济南设计研究院有限公司
113 中煤陕西中安项目管理有限责任公司
114 中航工程监理（北京）有限公司
115 湖南和天工程项目管理有限公司
116 理工大学工程兵工程学院南京工程建设监理部
117 山东恒信建设监理有限公司
118 北京四达贝克斯工程监理有限公司
119 山东诚信工程建设监理有限公司
120 广东创成建设监理咨询有限公司
121 山西协诚建设工程项目管理有限公司
122 北京五环国际工程管理有限公司
123 鑫诚建设监理咨询有限公司
124 天津仕敏工程建设监理技术咨询有限公司

附件2　2013~2014年度优秀总监理工程师名单113名（排名不分先后）

1 曹　阳 北京银建建设工程管理有限公司
2 王安志 北京京航联工程建设监理有限责任公司
3 苏秋兰 北京致远工程建设监理有限责任公司
4 杨定明 北京北咨工程管理有限公司
5 查安东 北京华兴建设监理咨询有限公司
6 骆阳生 北京中联环建设工程管理有限公司
7 李习贞 天津国际工程建设监理公司
8 边茂义 天津华地公用工程建设监理有限公司
9 王　刚 秦皇岛秦星工程项目管理有限公司
10 王久军 唐山理工建设工程项目管理有限公司
11 冯海萍 山西震益工程建设监理有限公司
12 刘景林 山西协诚建设工程项目管理有限公司
13 郭允斌 阳泉市工程建设监理中心
14 鄂志忠 内蒙古广誉建设监理有限责任公司
15 王学军 包头北雷监理咨询有限公司
16 李长庆 东北林业大学工程咨询设计研究院有限公司
17 赵忠琦 齐齐哈尔市鑫城建设工程监理有限公司
18 李巧侠 吉林梦溪工程管理有限公司
19 赵金明 沈阳市工程监理咨询有限公司
20 孙　健 大连理工工程建设监理有限公司
21 王品才 上海天佑工程咨询有限公司
22 梁　静 上海三凯建设管理咨询有限公司
23 张礼琴 上海市工程建设咨询监理有限公司
24 李亚东 上海建科工程咨询有限公司
25 苏　晖 上海市建设工程监理咨询有限公司
26 沙宏伟 英泰克工程顾问（上海）有限公司
27 姜　勇 济南市建设监理有限公司
28 曹丕建 山东齐鲁城市建设管理有限公司
29 胡庆松 临沂市建设工程监理公司
30 王　忠 山东同力建设项目管理有限公司
31 王延章 山东新世纪工程项目管理咨询有限公司
32 徐明明 青岛建通工程管理有限公司
33 颜鸿民 江苏建科建设监理有限公司
34 何宜村 连云港市建设监理有限公司
35 刘　洋 宿迁市建设工程监理咨询中心有限公司
36 王培祥 江苏安厦工程项目管理有限公司
37 杨海荣 苏州和信建设咨询有限公司
38 顾金水 江苏华宁工程咨询监理有限公司
39 陈善庆 扬州市四维工程管理有限公司
40 伍振飞 江苏建发建设项目咨询有限公司
41 康朝霞 安徽省建科建设监理有限公司
42 王若茂 马鞍山迈世纪工程咨询有限公司
43 鹿中山 合肥工大建设监理有限责任公司
44 叶身炉 浙江工程建设监理公司
45 赵国恩 杭州天恒投资建设管理有限公司
46 黄增加 浙江明康工程咨询有限公司
47 吕艳斌 杭州信达投资咨询估价监理有限公司
48 李　雷 江西瑞林建设监理有限公司
49 卢莹先 福建工大工程咨询监理有限公司
50 蔡克坚 厦门长实工程监理有限公司
51 赖兴庭 厦门中建东北监理咨询有限公司
52 吴耀伟 郑州中原铁道建设工程监理有限公司
53 张　勤 河南海华工程建设监理公司
54 谢志刚 武汉威仕工程监理有限公司
55 付宇东 湖北三峡建设项目管理股份有限公司
56 伍松柏 长江工程监理咨询有限公司（湖北）
57 许赞军 湖南长顺工程建设监理有限公司

58 王国华 湖南和天工程项目管理有限公司
59 郭广才 广州轨道交通建设监理有限公司
60 李伟标 广州市穗高工程监理有限公司
61 余亚斌 广东省城规建设监理有限公司
62 朱远贵 广东华工工程建设监理有限公司
63 周 伟 广东海外建设监理有限公司
64 季永贤 深圳市东鹏工程建设监理有限公司
65 吴 林 珠海市城市开发监理有限公司
66 覃桂初 广东国信工程监理有限公司
67 范良宜 广州高新工程顾问有限公司
68 石世德 广西华蓝工程咨询管理有限公司
69 张学群 南宁品正建设咨询有限责任公司
70 马俊发 海南新世纪建设项目咨询管理有限公司
71 肖 波 重庆林鸥监理咨询有限公司
72 杨有山 重庆渝海建设监理有限公司
73 赵元培 四川省中冶建设工程监理有限责任公司
74 罗剑波 四川康立项目管理有限责任公司
75 陈 涛 四川西南工程项目管理咨询有限责任公司
76 郑 煜 云南城市建设工程咨询有限公司
77 廖文良 贵州众益建设监理咨询有限公司
78 王 昆 贵州三维工程建设监理咨询有限公司
79 刘恩会 陕西省工程监理有限责任公司
80 王宏安 陕西天一建设项目管理有限公司
81 朱福典 西安铁一院工程咨询监理有限责任公司
82 宋念友 西安长庆工程建设监理有限公司
83 邢海青 甘肃省建设监理公司
84 王 方 宁夏兴电工程监理有限责任公司
85 徐 琳 青海工程监理咨询有限公司
86 张建国 新疆建院工程监理咨询有限公司
87 田 君 中国水利水电建设工程咨询北京有限公司
88 肖志平 中国水利水电建设工程咨询中南有限公司
89 王洪星 北京兴电国际工程管理有限公司
90 陈 峰 陕西华建工程监理有限责任公司
91 孙际光 长沙华星建设监理有限公司
92 钱 波 连云港连宇建设监理有限责任公司
93 李 杰 北京华油鑫业工程技术有限公司
94 李晓军 西安长庆工程建设监理有限公司
95 宋增坚 上海凯悦建设咨询监理有限公司
96 任小均 胜利油田胜利建设监理有限责任公司
97 郝树林 北京铁建工程监理有限公司
98 王宇新 上海天佑工程咨询有限公司
99 蔡新勇 河南长城铁路工程建设咨询有限公司
100 周长红 山西煤炭建设监理咨询公司
101 陶新双 安徽国汉建设监理咨询有限公司
102 张家勋 河南工程咨询监理有限公司
103 周正武 中航工程监理（湖南）有限公司
104 王彦昌 北京远达国际工程管理咨询有限公司
105 董 军 中国人民解放军总参谋部工程兵第四设计研究院
106 郭 戈 山东恒信建设监理有限公司
107 傅湘龙 中核四达建设监理有限公司
108 彭宝权 安徽电力工程监理有限公司
109 王焕新 湖南电力建设监理咨询有限责任公司
110 黄志坚 北京五环国际工程管理有限公司
111 林志军 山东智诚建设项目管理有限公司
112 杨泽辉 鑫诚建设监理咨询有限公司
113 王殿元 蚌埠玻璃工业设计研究院

附件3 2013~2014年度优秀专业监理工程师名单109名（排名不分先后）

1 李文颖 北京建院金厦工程管理有限公司
2 王朝阳 北京华城建设监理有限责任公司
3 张 磊 北京方正建设工程管理有限公司
4 何明亮 中航工程监理（北京）有限公司
5 涂柏清 北京中城建建设监理有限公司
6 白 昱 北京日日豪工程建设监理有限责任公司
7 赵 纲 天津市建设工程监理公司
8 肖 军 天津辰达工程监理有限公司
9 孙东喜 承德城建工程项目管理有限公司
10 王金恒 河北方舟工程项目管理有限公司
11 刘 伟 山西省建设监理有限公司
12 刘立创 山西震益工程建设监理有限公司
13 张志兵 山西神剑建设监理有限公司
14 崔 谦 呼和浩特市宏祥市政工程咨询监理有限责任公司
15 白世英 内蒙古科大工程项目管理有限责任公司

16 张　晶　哈尔滨工大建设监理有限公司
17 徐丽阁　哈尔滨新时代建设工程监理有限公司
18 张力超　长春一汽建设监理有限责任公司
19 林　阳　沈阳市建设工程项目管理中心
20 王振亮　大连正信建设工程管理有限公司
21 张志华　上海宏波工程咨询管理有限公司
22 李洪波　上海建通工程建设有限公司
23 陶　炜　上海建浩工程顾问有限公司
24 蒋崇山　英泰克工程顾问（上海）有限公司
25 张新民　上海市建设工程监理咨询有限公司
26 王　磊　上海建科工程咨询有限公司
27 苏福生　山东三强建设咨询有限公司
28 娄和义　山东众成建设项目管理有限公司
29 盛爱红　青岛信达工程管理有限公司
30 李文彪　山东贝特建筑项目管理咨询有限公司
31 胡群峰　山东恒信建设监理有限公司
32 傅平安　泰安瑞兴工程咨询有限公司
33 瞿洪海　江苏通源监理咨询有限公司
34 唐　晖　无锡市五洲建设工程监理有限责任公司
35 林润生　江苏东方建设项目管理咨询有限公司
36 张海军　江苏省经纬建设监理中心
37 曹继斌　江苏阳湖建设项目管理有限公司
38 赵中伟　江苏腾飞工程项目管理有限公司
39 张美领　江苏山水环境建设集团股份有限公司
40 周　新　江苏国兴建设项目管理有限公司
41 刘　伟　安徽天翰工程咨询有限责任公司
42 聂圣新　蚌埠市工程建设监理公司
43 张根升　浙江工程建设监理公司
44 寿　峰　浙江中誉工程管理有限公司
45 李晓光　浙江江南工程管理股份有限公司
46 洪浩鑫　浙江工正建设监理咨询有限公司
47 黄友华　江西中昌工程咨询监理有限公司
48 谢高满　福建升恒建设集团有限公司
49 项国应　合诚工程咨询股份有限公司
50 游育方　福建互华土木工程管理有限公司
51 杨明宇　河南创达建设工程管理有限公司
52 柴文波　河南省万安工程建设监理有限公司
53 龚德红　武汉星宇建设工程监理有限公司
54 汤汉斌　湖北建设监理公司
55 魏文丰　武汉土木工程建设监理有限公司
56 宋志宏　湖北公力工程咨询服务有限公司
57 周铁牛　中国水利水电建设工程咨询中南有限公司
58 杨玉青　中通服项目管理咨询有限公司
59 孙俊辉　广州市广州工程建设监理有限公司
60 朱良炳　广州市恒茂建设监理有限公司
61 周新华　广州宏达工程顾问有限公司
62 居世信　广东建设工程监理有限公司
63 卢华丽　广东正茂工程管理有限公司
64 徐　福　佛山市建诚监理有限公司
65 黄文峰　广州穗科建设监理有限公司
66 黄粮财　中海监理有限公司
67 宁如春　广西华蓝工程咨询管理有限公司
68 曾振华　南宁品正建设咨询有限责任公司
69 郭俊霞　海南肯特工程顾问有限公司
70 邹时畅　重庆华兴工程咨询有限公司
71 张　翼　重庆联盛建设项目管理有限公司
72 林永辉　成都衡泰工程管理有限责任公司
73 程　禾　四川元丰建设项目管理有限公司
74 李　勖　四川江阳工程项目管理有限公司
75 叶东杰　云南新迪建设咨询监理有限公司
76 韦　琳　陕西建筑工程建设监理公司
77 张建军　西安普迈项目管理有限公司
78 张　涛　陕西华建工程监理有限责任公司
79 韩式荣　甘肃省教育工程建设监理咨询有限公司
80 任浩军　宁夏灵州工程监理咨询有限公司
81 陈　浩　青海工程监理咨询有限公司
82 王国庆　新疆昆仑工程监理有限责任公司
83 柯习正　四川二滩国际工程咨询有限责任公司
84 李建平　浙江华东工程咨询有限公司
85 周玉成　中汽智达（洛阳）建设监理有限公司
86 张林革　合肥工大建设监理有限责任公司
87 温继革　北京希达建设监理有限责任公司
88 刘永新　京兴国际工程管理有限公司
89 陶建波　武汉天元工程有限责任公司
90 黄世忠　武汉威仕工程监理有限公司
91 王　鹏　辽宁诚实工程管理有限公司
92 张敬杰　北京兴油工程项目管理有限公司
93 岑　峰　江苏润扬项目管理有限公司
94 成　斌　胜利油田胜利建设监理有限责任公司
95 张栋坡　华铁工程咨询有限责任公司

96 郭　举　河南长城铁路工程建设咨询有限公司
97 岳诚东　甘肃铁科建设工程咨询有限公司
98 吴新群　河南工程咨询监理有限公司
99 蔡建芝　中航工程监理（湖南）有限公司
100 沈新辉　重庆赛迪工程咨询有限公司
101 马　林　中国人民解放军海军北海工程设计院
102 彭光军　上海中海建设监理有限公司
103 张　磊　核工业第七研究设计院建设监理公司
104 刘玉柱　河北兴源工程建设监理有限公司
105 方建城　福建和盛工程管理有限责任公司
106 毛丽辉　河南省华兴建设监理有限公司
107 李永生　山东智诚建设项目管理有限公司
108 郝晓兵　鑫诚建设监理咨询有限公司
109 张建忠　天津仕敏工程建设监理技术咨询有限公司

附件4　2013~2014年度监理协会优秀工作者名单54名（排名不分先后）

1 杨淑华　北京市建设监理协会
2 段　琳　天津市建设监理协会
3 穆彩霞　河北省建筑市场发展研究会
4 孟慧业　山西省建设监理协会
5 宋晓丽　内蒙古自治区建设监理协会
6 周　毅　吉林省建设监理协会
7 史　轮　辽宁省建设监理协会
8 许智勇　上海市建设工程咨询行业协会
9 王丽萍　山东省建设监理协会
10 鲍　杨　江苏省建设监理协会
11 何秀娟　安徽省建设监理协会
12 章　钟　浙江省建设工程监理管理协会
13 尹　平　江西省建设监理协会
14 杨　溢　福建省工程监理与项目管理协会
15 耿　春　河南省建设监理协会
16 谢会丽　湖北省建设监理协会
17 屠名瑚　湖南省建设监理协会
18 彭平平　广东省建设监理协会
19 罗　馨　广西建设监理协会
20 李东祎　海南省建设监理协会
21 胡明健　重庆市建设监理协会
22 刘　潞　四川省建设工程质量安全与监理协会
23 徐世珍　云南省建设监理协会
24 高汝扬　贵州省建设监理协会
25 白晓雨　陕西省建设监理协会
26 卢　浩　甘肃省建设监理协会
27 王振君　宁夏建筑业联合会
28 韩　蕾　青海省建设监理协会
29 班　琴　新疆维吾尔自治区建筑业协会
30 孙玉生　中国建设监理协会水电建设监理分会
31 李明安　中国建设监理协会机械分会
32 冯瑞云　中国建设监理协会化工监理分会
33 贺　炜　中国建设监理协会石油天然气分会
34 焦　月　中国建设监理协会船舶监理分会
35 高宗斌　中国铁道工程建设协会建设监理专业委员会
36 赵　彬　中国煤炭建设协会
37 杨　华　中国航空工业建设协会
38 董晓辉　中国冶金建设协会监理委员会
39 郭金锁　中国人民解放军工程建设协会
40 孙雨心　中国轻工业勘察设计协会
41 高　新　中国核工业勘察设计协会
42 李永忠　中国电力建设企业协会
43 黄　慧　中国兵器工业建设协会
44 孙明俊　中国建材工程建设协会
45 张修寅　深圳市监理工程师协会
46 殷鞍生　沈阳市建设监理协会
47 柯洪清　大连市工程建设监理协会
48 范鹏程　青岛市建设监理协会
49 吴菊芳　杭州市建设监理行业协会
50 何维国　广州市建设监理行业协会
51 李永风　济南市建设监理协会
52 邵　阳　宁波市建设监理与招投标咨询行业协会
53 罗力立　成都建设监理协会
54 沈　俊　厦门市建设监理协会

高层建筑玻璃幕墙防撞设施浅析

四川省兴旺建设工程项目管理有限公司　刘潞

摘　要　高层建筑与玻璃幕墙相邻的楼面外缘无实体墙时，按现行规范要求应设置防撞设施。本文通过某办公大楼工程实例，在对比分析有关标准、规范、规程对于玻璃幕墙防撞设施要求的基础上，经过对立柱、横梁、玻璃的抗冲击计算，提出了针对夹层玻璃幕墙防撞设施的一些具体做法。

关键词　夹层玻璃幕墙　防撞设施

一、工程概况

某钻探工程有限公司办公用房位于成都市成华区RBD商务区，总建筑面积56998. 9m^2，地上由25层主楼及两侧1层裙房组成，总高114.925m，地下室2层。一层为大堂、企业文化展厅、休息厅等，层高6.0m；二层为数据机房、空调机房，层高为4.9m；其余为办公用房，层高为3.8m。结构体系为框架剪力墙，抗震设防烈度7度，结构安全等级二级。

鉴于本工程的整体建筑要求相对较高，主楼围护结构采用玻璃幕墙、石材幕墙、铝合金百叶窗的混合型式，裙楼围护结构为玻璃幕墙、石材幕墙、钢结构玻璃雨棚、玻璃门。其中玻璃幕墙面积13000m^2，石材幕墙面积17000m^2，主楼以单元式玻璃幕墙为主，部分为石材中间夹铝合金格栅和框架玻璃幕墙。

本工程的主体设计单位是北京市建筑设计研究院，建设单位同时还聘请专业咨询公司进行幕墙专项方案设计，实施过程中由幕墙专业公司进行了深化设计。幕墙设计按规定组织了超高层专项论证，并经施工图技术审查合格。

二、玻璃幕墙方案及问题的提出

1.玻璃幕墙方案

为了满足建筑设计要求，本工程转角休息厅采用了落地玻璃幕墙方案，办公区单元式玻璃幕墙采用了幕墙横梁及夹层玻璃固定扇的方案。具体做法为：4~25层转角休息厅5–6轴 / E–G轴，11–12轴 / E–G轴落地玻璃幕墙采用的夹层玻璃厚度为8+1.14PVB+8=17.14mm，玻璃宽度1.35m，高度3.5m，面积4.7m^2。3~25层办公区单元式玻璃幕墙在距地1.1m高度设置铝型材作为横梁，横梁下部是夹层中空玻璃，其夹层玻璃厚度为5+0.76PVB+5=10.76mm，玻璃宽度为1.35m，高度1.1m，面积1.5m^2。

某钻探工程有限公司办公用房

2.问题的提出

本工程于2010年6月开工，2012年4月单元幕墙安装进入主要施工阶段，2013年7月工程竣工。竣工验收时，工程质量监督部门提出：（1）各层休息厅落地玻璃幕墙未设置防撞措施；（2）主楼办公室临空落地玻璃幕墙无防撞防护栏杆，不符合规范的有关规定，要求工程全面整改，否则不予验收。

在工程的主体设计单位、幕墙专业咨询单位、幕墙施工单位，包括专家论证和施工图审查机构均认为满足安全的有关规定的前提下，为什么工程质量监督部门会有这样的要求？本工程幕墙落地玻璃时到底是否需要设置防护栏杆？高层建筑玻璃幕墙又应该采取怎样的防撞措施才是合适的？

三、玻璃幕墙防撞措施的有关规定

对于玻璃幕墙的防撞措施，从保障人员使用安全的角度出发，有关技术标准、规范、规程都有一些相应的规定和要求。

1.《玻璃幕墙工程技术规范》（JGJ 102-2003），在4.4“安全规定”中要求：

第4.4.4条　人员流动密度大、青少年或幼儿活动的公共场所以及使用中容易受到撞击的部位，其玻璃幕墙应采用安全玻璃；对使用中容易受到撞击的部位，尚应设置明显的警示标志。

本条为强制性条文，对玻璃幕墙的材料进行了要求，强调了在玻璃受撞击破碎时不得对人员造成伤害。

第4.4.5条　当与玻璃幕墙相邻的楼面外缘无实体墙时，应设置防撞设施。

本条为一般性条文，提出了当外侧无实体墙时，为防止人员撞碎玻璃而导致从高处坠落，需设置防撞措施，但未指明具体的措施有哪些，又如何采取。

2.《建筑玻璃应用技术规程》（JGJ 113-2009），在7.3“保护措施”中要求：

第7.2.5条　室内栏板用玻璃应符合下列规定：

（1）不承受水平荷载的栏板玻璃应使用符合本规程表7.1.1-1的规定且公称厚度不小于5mm的钢化玻璃，或公称厚度不小于6.38mm的夹层玻璃。

（2）承受水平荷载的栏板玻璃应使用符合本规程表7.1.1-1的规定且公称厚度不小于12mm的钢化玻璃或公称厚度不小于16.76mm钢化夹层玻璃。当栏板玻璃最低点离一侧楼地面高度在3m或3m以上、5m或5m以下时，应使用公称厚度不小于16.76mm钢化夹层玻璃。当栏板玻璃最低点离一侧楼地面高度大于5m时，不得使用承受水平荷载的栏板玻璃。

根据此规定，凡高层建筑，其幕墙的二层以上的玻璃最低点离一侧楼地面高度基本上都大于5m，不得使用承受水平荷载的栏板玻璃，本工程因而必须设置可靠的防护栏杆。

第7.2.6条　室外栏板玻璃除应符合本规程第 7.2.5条规定外，尚应进行玻璃抗风压计算。对有炕震设计要求的地区，尚应考虑地震作用的组合效应。

本条要求对兼做室外栏板的幕墙玻璃还应进行抗风压计算，成都作为7度抗震设防区还应考虑地震作用的组合效应。

第7.3.1条　安装在易于受到人体或物体碰撞部位的建筑玻璃，应采取保护措施。

第7.3.2条　根据易发生碰撞的建筑玻璃所处的具体部位，可采取在视线高度设置醒目标志或设置护栏等防碰撞措施。碰撞后可能发生高出人体或玻璃坠落的，应采用可靠护栏。

本工程不论是休息厅还是办公区均属于此情况，故应采取一定的防撞措施。

3.《全国民用建筑工程技术措施——规划建筑景观》（2009版），

第二部分“建筑”，第10.5“窗台、凸窗”中要求：

第5.10.1条　玻璃幕墙

（5）人员流动密度大、青少年或幼儿活动的公共场所以及使用中容易受到撞击部位的玻璃幕墙应有防撞击措施、设置明显的警示标志。

（6）当与玻璃幕墙相邻的楼外缘无实体墙时，应设置防撞设施。

按照以上要求，只要楼面向外缘无实体窗下墙，就应设置防撞栏杆。本工程就属于此种情况，并且这个提法是与《建筑玻璃应用技术规程》（JGJ 113-2009）相一致的。

第10.5.2条　低于规定窗台高度h的窗台（以下简称低窗台），应采取防护措施（如：采用护栏或在窗下部设置相当于栏杆高度的防护固定窗，且在防护高度设置横档窗框），其防护高度h 应满足本节第10.5.1条的规定（临空的窗台高度h 应不低于0.8m，住宅为0.9m），见图10.5.2所示（有六种措施）。

4.《上海市建筑幕墙工程技术规范》（DGJ 08-56-201），4.3“安全措施”中要求：

4.3.5条规定：楼层外缘无实体墙的玻璃部位应设置防撞设施和醒目的警示标志，设置固定护栏时，护栏高度应符合《民用建筑设计通则》GB 50325的规定，具备下列条件之一者可不设护栏。

（1）在护栏高度处设有幕墙横梁，该部位的横梁及立柱已经抗冲击计算，满足

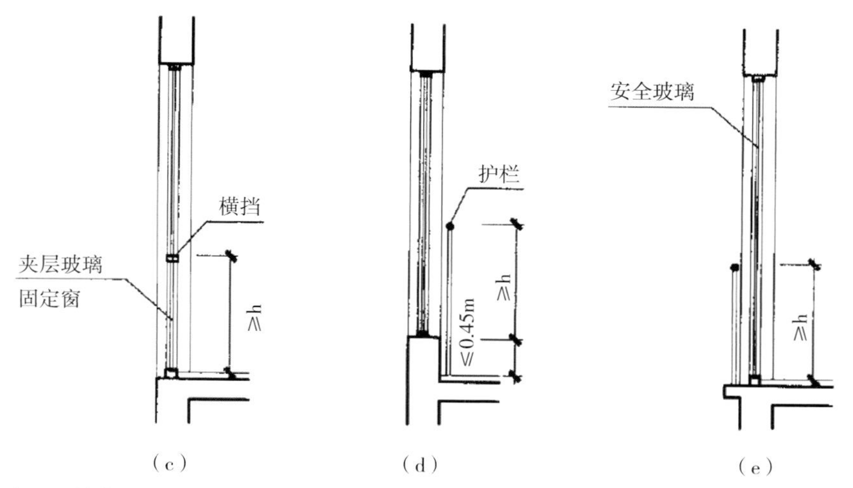

本工程所采用的夹层玻璃固定窗设横档为六种措施之一（图C所示）。

可能发生的撞击。冲击力标准值为1.2kN，应计入冲击系数1.50、荷载分项系数1.40，可不与风荷载及地震作用力组合。

（2）中空玻璃的内片采用钢化玻璃，单块玻璃面积不大于3.0m^2，钢化玻璃厚度不小于8mm。

（3）中空玻璃的内片采用夹层玻璃，单块玻璃面积不大于4.0m^2，夹层玻璃厚度不小于12.76mm。

（4）单块玻璃面积大于4.0m^2，中空玻璃的内片采用夹层玻璃，夹层玻璃厚度经计算确定，且应不小于12.76mm，冲击力标准值为1.5kN，荷载作用于玻璃板块中央，应计入冲击力系数1.50、荷载分项系数1.40，且应与风荷载、地震作用力组合，符合承载能力极限状态的规定。

显然，《上海市建筑幕墙工程技术规范》（DGJ 08-56-201）的关于玻璃幕墙内侧是否需要设防护栏杆的规定要比《建筑玻璃应用技术规程》（JGJ 113-2009）更明确一些，并没有像《建筑玻璃应用技术规程》（JGJ 113-2009）那样规定在玻璃最低点离一侧楼地面高度大于5m时不得使用承受水平荷载的栏板玻璃，而是根据实际情况予以区别对待，满足以上四种情况之一者，允许立柱、横梁、玻璃体系，当抗冲击强度足以确保安全时可以不设护栏。

5.《玻璃幕墙工程技术规范（报批稿）》（JGJ 102－201x），在4.5“安全规定”中：

第4.5.7条人员流动密度大、青少年或幼儿活动的公共场所以及使用中易受到撞击的玻璃幕墙部位，宜采用夹层玻璃，并应设置明显的警示标志。

本条相当于原《玻璃幕墙工程技术规范》（JGJ 102－2003）中的第4.4.4条，取消了原规范中有关“防撞措施”的第4.4.5条。实际上，近几年的工程实践证明，当夹层玻璃幕墙的横梁、立柱及玻璃经抗冲击计算满足要求时，幕墙的立柱、横梁及夹层玻璃固定扇可以共同作为防撞设施，能抵抗人体撞击玻璃幕墙的冲击力，即在发生人体撞击玻璃幕墙的情况时，夹层玻璃固定扇不会向室外飞散，不会发生人体或玻璃向室外坠落的情况，在发生人体撞击时幕墙是安全的。正在修订的规范对于夹层玻璃幕墙已经去掉了有关防撞设施的提法。

四、防撞设施整改方案

从以上对于玻璃幕墙防撞措施的规定和要求可以看出，《玻璃幕墙工程技术规范》（JGJ 102-2003）规定“当与玻璃幕墙相邻的楼面外缘无实体墙时，应设置防撞设施”；《建筑玻璃应用技术规程》（JGJ 113-2009）要求“当栏板玻璃最低点离一侧楼地面高度大于5m时，不得使用承受水平荷载的栏板玻璃；当栏板玻璃最低点离一侧楼地面高度在3m或3m以上、5m或5m以下时，应使用公称厚度不小于16.76mm钢化夹层玻璃”，玻璃栏板可以作为防撞设施之一；《全国民用建筑工程技术措施——规划建筑景观》（2009版），提出“楼面向外缘无实体窗下墙，就应设置防撞栏杆”，并给出了六种具体方式（设置横档是其中之一）；《上海市建筑幕墙工程技术规范》（DGJ 08-56-201）给出了经抗冲击计算后，在横梁、立柱、玻璃强度足以确保安全时可以不设护栏的四种情况。所以，工程质量监督部门提出落地玻璃幕墙应设置“防撞措施”的要求是符合规范规程规定的，但是不是一定要设置“防护栏杆”，值得商榷。

从以上对于玻璃幕墙防撞措施的规定和要求还可以看出，“防撞措施”和“防护栏杆”是两个不同的概念，实际上防撞措施除了具有独立落地立柱或附着在幕墙立柱上的防护栏杆之外，还有在立柱间设置水平横杆、在幕墙内侧另设夹胶或钢化玻璃栏板、在内侧加设拉杆或拉索等方式，可以根据工程实际情况，结合建筑设计要求灵活采用。

本工程经建设单位、设计单位、幕墙施工单位、监理单位共同研究论证，提出了以下关于玻璃幕墙防撞设施的整改方案，并通过了施工图审查机构的审查和工程质量监督部门的认可。

以下立柱、横梁及玻璃抗冲击计算均按《玻璃幕墙工程技术规范》（JGJ 102—2003）第5章“结构设计的基本规定”和第6章“框支承玻璃幕墙结构设计”进行。

（一）休息区玻璃幕墙防撞设施

1.本工程4~25层转角休息厅5-6轴/E-G轴，11-12轴/E-G轴落地玻璃幕墙采用的夹层玻璃厚度为8+1.14PVB+8=17.14mm，玻璃宽度1.35m，高度3.5m，面积4.7m^2，在距地1.1m处增设一道ϕ50不锈钢栏杆作为横梁栏杆。

距地1.1m处增设一道ϕ50不锈钢栏杆作为横梁栏杆

2.防冲击力计算

荷载取值：冲击力标准值为1.2kN；

计入冲击系数1.50；

荷载分项系数1.40；

可不与风荷载及地震作用力组合。

（《上海市建筑幕墙工程技术规范》（DGJ 08-56-201）4.3.5-1）

基本参数：

计算点标高：100m；

立柱高度：H=3650m^2；

横梁跨度：B=1350m^2；

玻璃板块：宽x高=BxH=1350m^{2}x3600m^2；夹层玻璃8＋8m^2；

2.1　幕墙立柱计算

2.1.1　承载力计算

2.1.2　稳定性计算

2.1.3　挠度计算

具体计算过程略。

2.2　幕墙横梁计算

1.在风荷载作用下的线荷载（按三角形分布）：

2.垂直于幕墙平面的分布水平地震作用的线荷载（按三角形分布）：

3.荷载组合：

用于强度计算时，采用Sw+0.5SE设计值组合：（5.4.1）[JGJ 102-2003]

用于挠度计算时，采用Sw标准值：（5.4.1）[JGJ 102-2003]

（4）在风荷载及地震组合作用下的弯矩值（按三角形分布）。

（5）在自重荷载作用下的弯矩值。

2.2.1　横梁型材选材计算及截面特性

2.2.2　抗弯强度计算

2.2.3　横梁的抗剪计算

2.2.4　横梁的挠度计算：

具体计算略。

2.3　玻璃板块的选用与校核

（1）荷载取值：

冲击力标准值为1.5kN，荷载作用于玻璃板块中央；

冲击力系数1.50；

荷载分项系数1.40，且与风荷载、地震作用力组合（《上海市建筑幕墙工程技术规范》（DGJ 08-56-201　4.3.5-4）。

（2）计算点标高：100m；

（3）玻璃板尺寸：宽x高＝BxH=1350mx3600m；

（4）玻对配置：等片夹层，外片钢化玻璃8m^2，内片钢化玻璃8m^2；

（模型简图。实际为三边简支，采用对边简支模型也能通过。）

2.3.1　玻璃板块荷载计算

t：单片玻璃厚度（mm）；

W_k：作用在幕墙上的风荷载标准值（MPa）；

G_{Ak}：夹层玻璃单位面积自重标准值（仅指玻璃）（MPa）；

q_{EAk}：夹层玻璃的地震作用标准值（MPa）；

γ_g：玻璃的体积密度（N/mm^3）；

q_{k1-2}：分配到单片玻璃上的荷载组合标准值（MPa）；

q_{1-2}：分配到单片玻璃上的荷载组合标准值（MPa）；

$G_{Ak}=\gamma_g x2t$

$=0.0000256\times2\times8$

$=0.00041$MPa

$q_{EAk}=\beta_E\alpha_{ma}\times G_{Ak}$

$=5\times0.08\times0.00041$

$=0.000164$MPa

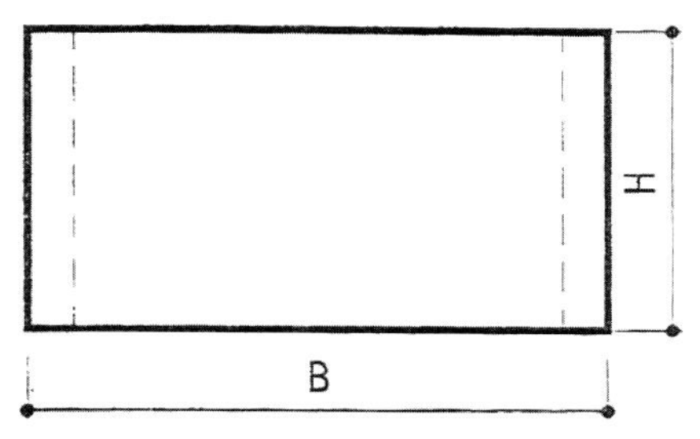

玻璃板块计算模型——对边简支板

q_{k1-2}=0.5×（W_k+0.5q_{EAk}）

=0.5×（0.00134+0.5×0.000164）

=0.000711MPa

q_{1-2}=0.5×（1.4Wk+0.5×1.3q_{EAk}）

=0.5×（1.4×0.00134+0.5×1.3×0.000164）

=0.000991MPa

玻璃板块整体荷载组合设计算：

用于强度计算时，采用S_w+0.5SE设计值组合：

q=1.4W_k+0.5×1.3×q_{EAk}

=1.4×0.00134+0.5×1.3×0.000164

=0.001983MPa

用于挠度计算时，采用S_w标准值（5.4.1）[JGJ 102–2003]。

W_k=0.00134MPa

2.3.2　玻璃的强度计算

校核依据：$\sigma \leq [f_g]$

因为内外等片，按6.1.4[JGJ 102–2003]规定，两片强度计算值相同，以下以外片为例计算应力：

θ：外片玻璃的计算参数；

η：外片玻璃的折减系数；

q_{k1-2}：作用在外片玻璃上的荷载组合标准值（MPa）；

f_g：两肋间玻璃面板跨度（mm）；

E：玻璃的弹性模量（MPa）；

t：单片玻璃厚度（mm）；

$\theta=q_{k1-2}a^4/Et^4$　（6.1.2–3）[JGJ 102–2003]

=0.000711×13504/72000/84

=8.008

按系数θ，查表6.1.2–2[JGJ 102–2003]，η=0.976；

σ：外片玻璃在组合荷载作用下的板中最大应力设计值（MPa）；

q_{1-2}：作用在幕墙外片玻璃上的荷载组合设计值（MPa）；

a：两肋间玻璃面板跨度（mm）；

t：外片玻璃厚度（mm）；

m：外片玻璃弯矩系数，取m=0.125;

$\sigma=6mq_{1-2}a^2\eta/t^2$　（6.1.2）[JGJ 102–2003]

=6×0.125×0.000991×13502×0.976/82

=20.657MPa

对于外片玻璃：

20.657MPa≤f_{g1}=84MPa（钢化玻璃）

外片玻璃的强度满足要求。

对于内片玻璃：

20.657MPa≤f_{g2}=84MPa（钢化玻璃）

内片玻璃的强度满足要求。

2.3.3　玻璃最大挠度校核

校核依据.

$d_f=\eta\mu W_k a^4/D \leq df,lim$　（6.1.3–2）[JGJ 102–2003]

上面公式中：

d_f：玻璃板挠度计算值（mm）；

η：玻璃挠度的折减系数；

μ：玻璃挠度系数，取μ=0.013；

W_k：风荷载标准值（MPa）

a：两肋间玻璃面板跨度（mm）；

D：玻璃的弯曲刚度（N·mm）；

df,lim：挠度限值，取两肋间玻璃面板跨度的1/60，为22.5mm；

其中：

$D=Et_e^3/(12(1-\nu^2))$　（6.1.3–1）[GJG 102–2003]

上面公式中：

E：玻璃的弹性模量（MPa）；

t_e：玻璃的等效厚度（mm）；

ν：玻璃材料泊松比，为0.2；

t_e=（2t3）1/3　（6.1.4–5）[JGJ 102–2003]

=（2×83）1/3

=10.079mm

$D=Et_e^3/(12(1-\nu^2))$

=72000×10.0793［12×（1–0.2^2）］

=6399298.269N·mm

θ：玻璃板块的计算参数；

$\theta=W_k a^4/Et_e^4$（6.1.2–3）[JGJ 102–2003]

=0.00134×13504/72000/10.0794

=5.99

按参数θ，查表6.1.2–2[JGJ 102–2003]，η=0.992

$d_f=\eta\mu W_k a^4/D$

=0.992×0.013×0.00134×13504/6399298.269

=8.969mm

8.969mm≤df,lim=22.5mm（等片夹层板块）

可满足要求。

通过以上计算，本工程横梁及立柱符合《上海市建筑幕墙工程技术规范》（DG J08–56–201）的规定，即横梁及立柱和夹层玻璃在碰撞后不会发生向室外飞散的情况，不会发生高处人体或玻璃向室外坠落的情况，同时也符合《建筑玻璃应用技术规程》JGJ 113–2009第7.3.2条的规定。因此，立柱、横梁及夹层玻璃体系共同构成了玻璃幕墙的防撞设施，亦即符合《玻璃幕墙工程技术规

距地1.1m高度结合玻璃单元设置的铝型材横梁

范》JGJ 102–2003第4.4.5条“当与玻璃幕墙相邻的楼面外缘无实体墙时，应设置防撞设施”的规定。

（二）单元式玻璃幕墙防撞设施

1.本工程3~25层办公区单元式玻璃幕墙在距地1.1m高度设置铝型材作为横梁，横梁下部是夹层中空玻璃，其夹层玻璃厚度为5+0.76PVB+5= 10.76mm，玻璃宽度为1.35m，高度1.1m，面积1.5m^2。

根据《全国民用建筑工程设计技术措施》2009版10.5.2条图10.5.2（c）规定，夹层玻璃固定窗为六种防护措施之一，符合上述规定。

2.防冲击力计算

夹层玻璃抗冲击力计算采用《上海市建筑幕墙工程技术规范》（DGJ 08–56–201）4.3.5条第4点的荷载规定：冲击力标准值为1.5kN，荷载作用于玻璃板块中央，应计入冲击力系数1.50、荷载分项系数1.40，且应与风荷载、地震作用力相组合，

立柱、横梁及夹层玻璃的抗冲击计算（略）。

通过计算，本工程横梁及立柱符合《上海市工程建设规范建筑幕墙工程技术规范》安全措施4.3.5条第1点的规定，计算结果显示5+0.76PVB+5= 10.76mm的夹层玻璃符合承载能力极限状态的规定。

五、结论

1.“防撞措施”和“防护栏杆”是两个不同的概念，实际上防撞措施除了具有独立落地立柱或附着在幕墙立柱上的防护栏杆之外，还有在立柱间设置水平横杆、在幕墙内侧另设夹层或钢化玻璃栏板、在内侧加设拉杆或拉索等方式，可以根据工程实际情况，结合建筑设计要求灵活选用。

2.大多数情况下夹层落地玻璃幕墙，目前在考虑保温节能的要求下至少为双层中空玻璃，在满足厚度要求的情况下（承受水平荷载的栏板玻璃，公称厚度不小于16.76mm钢化夹层玻璃），可不设栏杆。

3.考虑到高层建筑使用者的心理感受，对于大面积的双层夹层中空落地玻璃幕墙，可在玻璃幕墙内侧0.8~1.2m的高度范围内，设置经抗冲击计算符合规定的横杆作为防撞设施。

4.双层夹层中空玻璃单元式幕墙，可结合单元分隔（固定扇与可开启扇之间）的铝型材作为横梁，起到防冲撞的作用。

5.对于人员密集的公共场所，后期使用过程中加强管理，可增加以下防撞设施：在落地玻璃范围内设置防撞警示标识；加强对使用者的安全意识提醒；合理利用室内植物以及家具，尽量让人员远离玻璃幕墙。

6.经过近几年的工程实践的证明，当夹层玻璃幕墙的横梁、立柱及玻璃经抗冲击计算满足要求时，幕墙的立柱、横梁及夹层玻璃固定扇可以共同作为防撞措施，能抵抗人体撞击玻璃幕墙的冲击力，即在发生人体撞击玻璃幕墙的情况时，夹层玻璃固定扇不会向室外飞散，不会发生人体或玻璃向室外坠落的情况，在发生人体撞击时幕墙是安全的（正在修订的《玻璃幕墙工程技术规范（报批稿）》（JGJ 102 – 201x），对于夹层玻璃幕墙已经去掉了有关防撞措施的提法）。

参考文献

[1]《玻璃幕墙工程技术规范》（JGJ 102—2003）
[2]《建筑玻璃应用技术规程》（JGJ 113—2009）
[3]《全国民用建筑工程技术措施——规划建筑景观》（2009版）
[4]《上海市建筑幕墙工程技术规范》（DGJ 08—56—201）
[5]《玻璃幕墙工程技术规范（报批稿）》（JGJ 102—201x）
[6]《幕墙玻璃的安全选用》（赵西安）
[7]《幕墙落地玻璃设置栏杆的问题》（赵西安）

监理项目创优工作的体会

贵州三维工程建设监理咨询有限公司　王昆

摘　要　贵阳国际会议展览中心C1会议中心（国际生态会议中心）荣获了2013年度国家优质工程鲁班奖，作者以项目总监身份参加了该项目的建设工作，在此将监理创优项目的一些工作经验与同行分享。

关键词　生态文明

贵阳国际会议展览中心C1会议中心（国际生态会议中心）荣获了2013年度国家优质工程鲁班奖，作为项目参建的监理人员之一，感到无比的荣幸与无上的光荣，在此将监理创优项目的一些工作经验与同行分享。

贵阳国际会议展览中心C1会议中心（国际生态会议中心）作为2011年国际生态文明贵阳会议的主会场，是交流生态文明建设理念，展示贵州省生态文明建设成果的一个重要平台，内设有3000人超大型宴会厅、3000人超大型会议厅、大中小型会议厅、配套餐饮设施、后勤管理用房、地下车库、设备房等，是一座功能复杂的大型公共建筑。其总建筑高度27.5m，地下2层，地上4层，总建筑面积6.5万m^2。经评选，该工程荣获贵州省“黄果树”杯及鲁班奖，并通过了美国绿色建筑协会（U.S Green Building Council）绿色建筑评估体系（LEED）认证最高奖项白金奖以及国家绿色施工三星级认证。

项目从建设之初就设立了确保贵州省“黄果树”、争创鲁班奖等质量目标，贵州三维工程建设监理咨询有限公司为本项目的监理单位，本人作为项目的总监理工程师参与了项目整个建设过程，在此谈一些工作体会与同行交流。

一、工程设计概况

本工程设计使用年限50年，建筑类别一类，建筑耐火等级一级，建筑毗邻201大厦和观山湖公园，其建筑外观新颖独特，呈梯形布置，建筑外立面东西向主要采用双层玻璃幕墙饰面，通过两层玻璃之间的空腔调节立面表面温度，减少空调能耗，南北两向为连续斜向屋面及水平屋面组成，设置盆格式垂直绿化，彰显大气稳重，通过屋面绿化、立面绿化以及使用浅色、高反射率材料替换结构表面，减少热量的吸收，减少热岛效应。室内装修档次极高，多采用干挂花岗岩和高档隔声吸声棉以及墙纸软包饰面，极显辉煌高贵。主要会议使用空间的幕墙设有可调节遮阳帘，减少日照对室内环境影响，提高节能效果。从建筑选址到设计、施工、材料选用等各个环节都严格要求按照LEED认证及国家绿色施工相关要求进行，极力追求建筑和生态的完美平衡。

本工程抗震等级7级，结构型式采用型钢混凝土框架结构，宴会厅以及会议厅上空采用大跨度钢桁架结构。基础类型为人工挖孔桩及独立基础，持力层为中风化含泥质白云岩，基础设计等级为甲级。

会议中心效果图

呼吸式双层玻璃幕墙

南北面盆格式垂直绿化屋面（内设有自动滴灌技术）

工程设有46根型钢混凝土组合柱及型钢混凝土梁，同时设置消能抗震梁及消能节点，以确保整个结构抗震体系。南北斜面从地下一层至屋面设置有大跨度斜柱和斜板。混凝土强度等级为C25～C30。地下室顶板厚度为180mm，外墙设钢筋混凝土剪力墙，厚度为400mm，抗渗等级为P8。

地下室底板属现浇混凝土超长结构，面积达1338m^{2}为(120m×11m)，剪力墙厚度为400mm，混凝土强度等级为C30，混凝土抗渗等级为P8 (0.8MPa)，要求在混凝土中掺高效膨胀剂，并采用高聚物改性沥青防水卷材相结合的方法进行防水设防。

工程设置中水系统，采用污废分流排水体系，收集建筑物内淋浴、盥洗等优质杂排水作为中水水源；同时采用气浮加热隔油工艺对厨房废水进行高效隔油预处理，并将有效隔油后的厨房废水作为中水水源；中水原水经处理后用作冲厕、地面冲洗、绿化浇灌等用水。设置雨水收集回用系统，收集屋面和地面的全部雨水径流进行渗透回用。屋面的雨水经弃流井对初期雨水弃流后，收集储存于室外地下雨水调节池；地面雨水经带过滤装置的雨水口和渗透排水沟收集后，与屋面雨水汇合排人室外雨水调节池；再经净化处理后用于绿地浇灌用水、车库冲洗用水、水景用水、以及中水供水系统补充水。公共厨房、员工淋浴所需热水设置集中式太阳能热水系统供给，并采用热泵辅助加热系统。

根据贵阳的气候条件，夏季以室内湿度传感器和CO_2浓度感应器控制新风送风量。采用温湿度独立控制空调系统可以减少制冷主机开启时间，仅开溶液式机组进行除湿处理，最大限度节省能源，并设置楼宇自控系统以提高建筑物整体自动化水平，系统能耗降低。

二、工程监理工作情况

由于本工程影响大、责任重，公司从承接项目之初就极为重视，在项目班子的组建上慎之又慎。针对项目特点和业主要求，选派了一批敬业精神强，职业操守好，有丰富工程建设实践经验且有创优工作经验的监理人员进驻现场。项目班 进场后，首先组织全体监理人员认真研究工程特点，梳理项目建设的重点、难点所在，以便拟定针对性监理工作方案。主要有：

1.工程特点

（1）工程社会影响力大，质量目标高。本工程作为2011年国际生态会议贵阳会议主会场，为省市重点工程，且毗邻贵阳市行政中心。工程质量目标确保“黄果树”杯，争创鲁班奖，是否能如期向社会交出一份优质工程答卷，具有极大的社会影响力。

（2）工程施工任务重，工期紧。工程地下二层、地上四层，涉及土建、钢结构、钢网架、精装修、水电安装、景观等各个专业，专业分包施工内容多，工期要求2010年底全部竣工，以确保2011年国际生态会议贵阳会议的如期举行，施工任务极重。

（3）工程LEED认证要求及国家绿色施工认证目标高。根据合同要求，本工程质量除确保“黄果树”杯，争创鲁班奖外，还要参评美国绿色建筑协会（U.S Green Building Council）创立推行的绿色建筑评估体系（LEED）认证最高奖项白金奖以及国家绿色施工三星级认证，为中国绿色建筑的发展与未来树立起最具开拓意义的超高标准，为名副其实的国际生态型会议中心，其从建筑选址到设计、施工、材料选用等各个环节都严格要求按照LEED认证及国家绿色施工相关要求进行，极力追求建筑和生态的完美平衡。

（4）工程结构型式多样、造型复

太阳能屋面

3000人会议厅

会议厅上空钢桁架整体吊装

杂新颖。工程涉及型钢混凝土组合结构、钢桁架结构、钢网架等，还有大跨度斜梁斜柱等异形构件，54m大宽度钢桁架的吊装等，施工技术含量很高。

（5）工程功能全、专业系统多，总包管理配合多且难度大。本工程为综合型会议中心，功能齐全，涉及强电、弱电（智能化）、钢结构、精装修、消防、电梯、空调、电气工程等众多专业项目施工，施工过程中存在大量的专业交叉，施工任务量大，总承包单位在组织协调、施工调度上具有一定的难度，对监理工作而言，其工作强度与难度也很巨大。

2.施工过程中的重点和难点，也是监理工作的重点与难点

在本项目监理工作中，本人体会最深的，就是监理人员应当坚持履责式监理，而不是免责式监理的指导思想，只有坚持认真履行相关法律法规、规范规定的监理各项职责方能在施工过程中免责。在工程质量安全控制上，坚持“百年大计、质量第一、安全第一”的方针，监理无论从专业技术以及管理方面，充分发挥工程咨询和监督、督促的作用，要重视对施工质量的预控，重点做好事前控制，对施工中容易产生质量问题的部位和施工工序事先制定对策，杜绝工程质量安全事故的发生，防患于未然。

进驻项目，明确了“履责式监理”开展监理工作后，监理部及时组织监理人员熟悉图纸，编制有针对性、可操作的监理规划以及实施细则指导开展监理工作。在监理过程中加强质量控制，对进场的原材料进行认真核对，注重外观和实测检查，并按规定见证取样送检。本项目施工过程中，监理对影响结构安全的钢筋分项进行全检；重视对模板质量控制的“四角一中心”、5个点的标高的复核以及对砌体轴线尺寸进行抽查等。监理部在检查过程中发现质量问题及时指出，消除隐患，尽快进入下道工序的施工。

本项目监理过程中，要求现场监理人员坚持做到“五勤”。即：“腿勤”，坚持现场巡视，做好平行检查，掌握施工情况；“眼勤”，将图纸与设计变更、会审结合起来多看，防止出现错误；“手勤”，监理资料及时收集和整理并归档，对于未完成的事项要有书面记录；“嘴勤”，多沟通、常交底；“脑勤”，在多看图纸的基础上多多提出合理化的建议，想措施、解难题。

监理部针对本工程的特点，认真分析、梳理项目重点、难点，有针对性制定监理方案，做到心中有数，有条不紊地开展工作，如：

（1）高柱、梁板模板高支撑的施工。本工程层高均超过了5m，其中贵宾主入口大堂处模板支设高度达到了14m，属高支模施工范畴，必须制定详尽有针对性的施工专项方案，组织专家论证后经监理签认后严格按照方案实施，以确保施工安全，是施工的重点和难点。

（2）型钢混凝土组合结构施工。本工程设计有46根型钢混凝土组合柱，并有大量型钢混凝土梁，其连接节点复杂，从型钢基础预埋到钢筋绑扎、模板支设均存在很大的难度，对钢结构和土建施工交叉配合提出了很高的要求，其施工质量直接影响着整个工程，是施工的重点和难点。

（3）混凝土裂缝控制技术施工。本工程地下室核心筒混凝土厚度2m，桩基础承台及独立基础截面尺寸均在1.2m以上，属大体积混凝土构件，且其底板厚度400mm，长达120m，属超长混凝土结构，因此在混凝土施工过程中，混凝土温度和裂缝控制也是本项目施工的重点。

（4）大跨度现浇斜柱斜梁施工。本工程南北面为坡斜垂直绿化屋面，从地下一层至屋面层设计有现浇混凝土斜柱和斜梁，跨度很大，斜柱斜梁施工对构件测量定位放线、钢筋预留、模板支设、钢筋绑扎以及混凝土浇筑等相应工

钢筋绑扎施工

会议厅上空钢桁架整体吊装

序要求极高，因此如何确保其施工质量，是施工的重点和难点。

（5）大跨度钢桁架模块式整体吊装。本工程三层3000人宴会厅上空以及四层3000人会议厅上空均采用钢桁架结构，跨度54m，单榀桁架吊装重量达37t，吊装难度很大，是施工的重点和难点。

（6）大面积单元式双层玻璃幕墙施工。C1会议中心东面、西面一层至四层全为单元式玻璃幕墙，面积达8000m^2，且预埋件必须严格按照设计要求严格控制埋件标高及间距大小、水平度和垂直度，按期按质完成工程施工任务是施工的重点。

（7）电气系统调试及火灾自动报警系统联动调试。 水电安装专业多，施工任务重，除采用管线综合布线技术外，如何确保后续各个系统试车和联动调试顺利完成是本项目安装工程的重点和难点。

其他如人工挖孔桩、斜屋面垂直绿化施工、绿色施工成套施工技术、地下室底板施工、防水施工等也是施工、监理的重点与难点。

针对以上涉及工程质量安全的重点、难点工程，监理部均要求施工单位编制了专项的施工方案，并对专项方案进行严格审批，需组织专家论证的按要求组织论证并按专家论证意见要求施工方予以完善。监理部对应编制了相应专项监理实施细则。在施工过程中进行全程监理，每天巡视检查施工过程中危险性较大分项分部工程的作业情况，发现问题及时处理。监理部每半月组织一次全面检查，对发现的质量安全隐患，书面通知施工单位并督促其整改。在会议中心大跨度钢桁架模块式整体吊装施工中，监理人员对其进行了全面严格的旁站监控，圆满完成了此难度极高的施工吊装任务。本工程三层3000人宴会厅上空以及四层3000人会议厅上空均采用钢桁架结构，跨度54m，单榀桁架吊装重量达37t，且均位于建筑内，建筑四周均高于钢桁架安装位置，吊装距离远，且受现场环境所限，采用240t大型吊车吊装到位时，还需考虑吊装位置大型吊车对地下室侧墙侧压力的影响，以及东面20m高挡土墙结构安全影响，因此吊装难度很大，必须组织技术人员对其进行技术攻关，方能确保吊装安全和顺利。对此，监理人员积极配合施工安装单位编制了专项吊装方案以及地下室安全加固方案，监理对专项方案中考虑不周的地方提出意见，在吊装过程中实施全程旁站，严格要求施工方对吊装过程中的各种不安全因素必须按照专项方案组织施工，如对地下室侧墙施工的监测，吊装时的天气、风力等级等进行记录，发现有问题就及时纠正。这只是会议中心监理工作中的一部分，其他还有不少类似的重难点监理工作，就不一一赘述。

以上只是笔者担任贵阳国际会议展览中心C1会议中心（国际生态会议中心）工程总监的一点心得体会，要想真正做好监理工作，还有很漫长而艰苦的路要走，还需不断学习、总结、实践，必须坚持履责式监理，而不是免责式监理，不断完善专业技能和综合素质以及良好的职业道德，以客户为中心，并将其视为终生的事业，脚踏实地，不断前行，方能取得一定成绩。

工程安全监理的研究与工作方法

合肥工大建设监理有限责任公司　鹿中山
合肥工业大学土木与水利工程学院　杨树萍

摘　要　本文对安全监理的各种不同观点进行综述，在此基础上提出“监理企业和监理工程师应面对现实，努力地有针对性地开展安全监理工作，通过自己卓有成效的工作规避安全监理风险”的观点。本文对工程安全、质量、进度、造价控制的关系进行综合分析，指出安全监理是质量、进度、造价控制的基础工作。基于合肥京东方（BOEHF）第六代薄膜晶体管液晶显示器件（TFT-LCD）工程实践，本文对安全监理工作方法进行了详细论述，提出了经过工程实践证明的行之有效的安全监理工作制度。

关键词　安全监理　风险　工作制度　工作方法

笔者2008年05月中旬于杭州参加《建设监理》杂志社主办的监理安全职责论坛，2010年7月上旬于南京参加中国建设监理协会理论研究委员会主办的“监理对施工安全监管”理论研讨会。2008年论坛的焦点是《建设工程安全生产管理条例》提出的监理安全责任是否合理，针对几个典型的监理工程师被判刑的事故案例，发言者多情绪激动，虽然已过去数年，但当时情景仍历历在目。2010年监理对施工安全监管理论研讨会，从主题演讲及论文集汇编的论文可以看出，研讨会的重点为探讨安全监理工作方法，对安全监理责任的讨论也渐趋理性。时隔两年参加的两次研讨会，近六七年对安全监理的艰苦探索，特别是合肥京东方（BOEHF）第六代薄膜晶体管液晶显示器件（TFT-LCD）项目的安全监理工作实践，使笔者的安全监理思路由模糊渐趋清晰。合肥京东方（BOEHF）第六代薄膜晶体管显示器件（TFT-LCD）工程位于合肥市区东北部的新站综合试验开发区内，该工程占地面积40.7万m^2，建筑面积42.7万m^2，是安徽省合芜蚌自主创新综合配套改革试验区最大的项目，也是合肥乃至安徽高科技领域有史以来最大的项目。以合肥京东方（BOEHF）第六代薄膜晶体管显示器件（TFT-LCD）工程的安全监理工作为依托，笔者梳理了工程安全监理工作思路，研究、提炼工程安全监理工作方法，期望能对规范安全监理工作各个环节、提高安全监理工作水平有所贡献。

一、工程安全监理观点综述

1.法律和法规对安全监理规定不统一的观点

《中华人民共和国建筑法》第五章“建筑安全生产管理”提出，“建筑施工企业的法定代表人对本企业的安全生产负责”。《中华人民共和国安全生产法》指明“生产经营单位的主要责任人对本单位的安全生产全面负责”。这两部法律对谁应该在施工过程中的生产安全管理承担责任是十分明确的。在《建设工程安全生产管理条例》中引出一个“安全监理”的概念，安全监理的责任落实在工程监理企业上。该观点[1]认为《建设工程安全生产管理条例》的颁布没有上位法的依据，条例中关于监理企业在安全生产中应承担的责任条款与《中华人民共和国建筑法》和《中华人民共和国安全生产法》有相悖之处。

2.建筑产品的买方不承担安全生产责任的观点

建筑产品是商品，买方（建设单位）不为供方（施工单位）的安全生产承担任何责任。该观点[2，3]认为，建筑生产有其自身的特点，建筑行业的生产是流动的，而其产品是固定的，但建筑产品同样属于商品范畴。在建筑生产过程中，施工单位是供方，建设单位是买方，从一般意义上来讲，买方不可能、也不应该为供方的安全生产承担任何责任。 如果要用煤户为煤矿的安全生产承担责任，谁都会说这是天大的笑话。业主作为建设产品的购买方，已经在工程价款中支付了包括保证产品进行安全生产的相关费用，业主有权接受一个合格的建设工程产品而不必承担该产品在生产过程中的安全义务，监理单位是代表业主对建设工程实体的质量、投资和进度进行管理的，自然也不应承担安全生产的责任，要求监理单位承担安全责任不符合商品交换的一般规律。

3.安全监理不符合国际惯例的观点

该观点[4]列举国际咨询工程师联合会（FIDIC）合同条件、美国建筑师协会（AIA）合同条件、美国土木工程师协会（ICE）合同条件、澳大利亚标准（AS4000-1997）合同条件对施工安全及工程师、承包商职责的规定，在这些合同范本中，工程施工安全管理都是由承包商全面负责，工程师或建筑师既无权控制支配，也不承担义务和责任。我国建设工程安全监理的推出使我国监理工作者的工作业务范围进一步扩大，与国际惯例的差异也进一步扩大，这不利于我国监理体系与国际接轨，反而会对我国的监理事业的发展起制约作用。

4.安全监理无委托授权的观点

该观点[5]认为，建设工程监理实施的前提是“建设单位与其委托的工程监理单位应当订立书面委托合同”（《中华人民共和国建筑法》第31条），监理工作的内容是“对承包单位在施工质量、建设工期和建设资金使用等方面，代表建设单位实施监督”（《中华人民共和国建筑法》第32条）。就是说，从法律规定上讲，建设工程监理的实施需要建设单位的委托和授权。但建设单位在与监理单位签订委托监理合同时，并无此项委托，因此安全监理无合同依据。

5.笔者的观点

（1）我国的安全生产方针为“安全第一，预防为主，综合治理”。建设工程产品有其特殊性，形成过程复杂，参与单位众多，影响因素多，安全风险大。基于综合治理的观念,《建设工程安全生产管理条例》规定了工程建设参与各方的安全责任，但施工安全责任主体是施工单位，这与《中华人民共和国建筑法》一致。

（2）对世界各国而言，建筑业安全管理都是一个难点，而且随着对建筑安全事故的原因分析及安全事故发生规律的研究，世界各国对建筑安全管理、对建筑安全事故的认识均在发生变化[6]。我国正处于高速发展阶段，建筑安全管理与世界其他国家相比有不同的特点，我们应该根据自身特点，研究建筑安全管理，提高建筑安全管理水平，不能盲目与国际惯例接轨。

（3）关于安全监理无业主委托授权的观点，其实已经站不住脚。目前监理委托合同中几乎都有关于安全监理的内容，而且《建设工程安全生产管理条例》出台后，监理承担的施工安全责任属于法定的附随义务[7]，这是一种职业道义义务和责任。监理企业对业主的合同义务集中在“三控”上，所以监理企业的附随义务是以有利于现实“三控”目标而进行的“保护”、“说明”、“告知”等义务。

（4）关于安全监理责任。安全监理在宏观层面存在的问题，经过几年的讨论，其问题点、问题点的改进及对政府的建议已经清晰，而且《建设工程安全生产管理条例》自2004年2月1日实施起已六年多，再继续就监理应不应该承担安全监理责任争论不休已无意义。面对由于建筑安全生产事故而导致的工程损失和逝去的生命，作为工程建设参与一方的监理单位说没有责任是不可能的。监理企业和监理工程师应面对现实，努力地有针对性地开展安全监理工作，通过自己卓有成效的工作规避安全监理风险。安全监理风险是监理工程师面对的最主要的风险。

二、安全、质量、进度、造价监理的关系分析

安全监理工作涉及面广[8]，并不是建筑管理中的一项孤立的工作，而是与质量、进度、造价控制各个环节相辅相成的。

1.安全监理是质量监理的基础

一项工程的施工质量越好，其生产的安全效应就越高，同样，只有在良好的安全措施保证下，施工人员才能较好地发挥技术水平，质量也就有了保障。质量与安全密不可分，安全是质量的前提，如对高大模板支撑体系的控制，涉及施工安全和结构质量两个方面，质量、安全水乳交融，无法截然分开。质量隐患往往诱发安全事故，不安全因素可能造成质量低劣，质量与安全两者之间相辅相成，往往同时出现，且相互诱发。从某种角度上讲控制质量就是控制安全，反之亦成立。

2.安全监理是进度监理的前提

我国目前处于大建设、大发展的超常规发展阶段，工程体量越来越大，而工程工期要求却越来越苛刻，导致施工队伍加班加点，超负荷工作，安全管理的压力越来越大，安全与进度的矛盾越来越突出，已经成为目前工程管理的主要矛盾。不合理、无限制地压缩工期导致的疲劳作业、平行作业甚至工序倒置已经成为安全事故频发的主要诱因。一旦有安全事故发生，必然会导致工程停工整改，加上复杂的事故处理程序，必然导致工期目标无法实现。 对于监理工程师而言，业主，特别是政府业主的工期要求无法改变。监理工程师在这种极为严峻的形势下必须正确认识形势，将安全监理工作放在首位，安全监理是进度控制的前提。

3.安全监理是造价监理的保证

一般事故的直接经济损失[9, 10]包括人身伤亡所支出的费用、善后处理费用、财产损失价值，间接经济损失包括停产减产损失价值、工作损失价值、资源损失价值、处理环境污染的费用、补充新职工的培训费用、其他损失费用等。工程事故对造价控制的影响主要是事故对工程本身造成的损失及停工损失。如笔者担任总监理工程师的某大型电子工业厂房项目，工程延误1天的贷款利息为388万元人民币，此类工程一旦出现一点闪失，对工程造价的影响无疑是巨大的。

4.安全监理为工程总体目标实现保驾护航

安全监理是质量、进度、造价监理的基础，为工程总体目标的实现保驾护航。随着社会经济的发展，人们越来越关注安全。投资、进度、质量是一个统一的整体，而施工安全对这一整体的影响巨大。由于安全控制的复杂性，导致安全监理工作较质量、进度、造价监理工作要困难得多。工程安全事故对监理企业、监理工程师影响巨大，可能导致监理企业降级甚至被吊销资质证书，可能导致监理工程师被通报批评、记不良记录、吊销岗位证书，甚至坐牢。通过近几年的安全监理工作实践，笔者认为项目总监理工程师必须将安全监理工作放在监理工作的首位，在确保安全监理工作质量的情况下开展质量、进度、造价监理工作。

三、工程安全监理工作方法的研究

1.高度重视安全监理策划工作

（1）认真进行项目安全特点分析， 项目安全特点分析是开展安全监理的基础工作。

（2）依据项目安全特点分析，进行安全监理文件策划。安全监理文件主要包括安全监理规划、各项安全监理实施细则，是开展安全监理工作的纲领。安全监理文件随工程进展逐步完成、完善，应明确安全监理工作要点，具有很强的操作性，达到指导安全监理工作的深度和水平。

（3）根据项目安全特点分析、安全监理规划、安全监理实施细则，进行工程危险源分析，按工程施工阶段列出危险源清单。危险源清单随工程进展应阶段性更新，安全监理工程师根据危险源清单对施工现场进行有针对性、有侧重点的检查与督促。

2.明确安全监理工作程序，完善项目安全管理组织机构

监理工程师在开工伊始即应明确安全监理工作程序，督促各参建单位建立并完善各项安全规章制度，建立健全安全生产责任制及安全管理网络。为了提高事故的应急能力，确保紧急情况下能有序的应急指挥，应编制项目健康安全环境事故应急救援预案。为明确安全责任，统一安全管理思想，根据大型项目特点，可以成立项目安全管理委员会，成立项目消防保卫组织机构，建立项目现场事故报告流程。安全监理工作程序和项目安全管理组织机构是安全监理工作的基础和保证。

3.按程序、有计划地组织专项方案专家论证

（1）按照住房和城乡建设部建质[2009]87号文《危险性较大的分部分项工程安全管理办法》第四条的规定，施工单位应当在危险性较大的分部分项工程施工前编制专项方案,对于超过一定规模的危险性较大的分部分项工程，施工单位应当组织专家对专项方案进行论证。

（2）执行建质[2009]87号文的过程中存在两类问题：其一，对超过一定规模的危险性较大的分部分项工程，专家论证滞后，如对于高支模，架体基本完成才组织专家论证，已失去实际意义。其二，是对不需要进行专家论证的危险性较大的分部分项工程的管理上存在盲区，监理单位、施工单位均存在不重视的思想，如搭设高度在5～8m之间的模板支架方案往往存在审核不严格，甚至只签字而不审核，搭设参数不明确，构造措施缺失等问题，反而更容易出现安全事故，此问题应引起充分重视。

（3）监理工程师在进场后应仔细阅读图纸，结合危险源分析，分析出需要编制专项施工方案的分部分项工程，列出需要进行专家论证的分部分项工程的清单，便于随着工程的进展有计划、有序地组织专家论证。在提交专家论证之前，监理工程师必须对专项方案进行仔细审核，充分吃透方案，结合专家论证，进行过程监控，才能更有效地控制工程。

4.督促施工单位有效地开展安全管理工作

督促施工单位加强安全教育、安全宣传工作，营造良好的安全管理工作氛围。核查施工单位安全组织体系及特种作业人员岗位证书，督促施工单位及时完成各种安全专项方案，并进行认真审核。监理工程师对各项安全方案的审核应坚决杜绝走过场，所有审核工作必须保留书面记录，从项目监理工作开始就保持相关信息的可靠性、完整性。

5.建立安全监理工作制度，严格按工作制度开展安全监理工作

（1）每日例行巡查制度。安全监理工程师组织业主、总包单位、分包单位安全人员每日例行巡查工地。巡查完成后组织召开点评会议，对主要安全问题进行讲解，明确整改要求及期限。

（2）定期安全检查与不定期专项检查相结合的制度，根据工程进展，每月分析制订专项检查计划，并严格按计划实施。

（3）节前、节后安全检查制度。重大节日前夕，监理工程师组织参建各方进行综合安全检查，保证节假日期间安全施工。节后同样组织安全检查，查找节日期间产生的安全问题，以利于整改。通过节前、节后安全检查制度保证施工现场平稳过渡，确保安全工作。

（4）每日安全监理巡查记录制度。此项制度是笔者开展安全监理工作的创新。安全监理工程师将每日巡查发现的问题进行梳理，采用文字与相片结合的方式形成每日安全监理巡查记录。日安全监理巡查记录制度在合肥京东方（BOEHF）项目安全监理工作中取得了很好的工作效果。

（5）安全监理周报、安全监理月报、专题安全形势分析报告制度。分别以每周、每月为单元进行安全监理工作总结，形成安全监理周报、安全监理月报，此两份报告包括对下周（月）安全监理工作筹划的内容。专题安全形势分析报告不定期编写，主要针对工程进展中碰到的较集中的安全问题进行专题分析，探寻对策，同时理清安全监理工作思路。

（6）安全信函、安全监理工程师通知单制度。对于一般的安全问题，采用安全信函的方式向施工单位发出，安全信函数量多，每日发出，对施工单位形成强大的压力，安全信函落实率达到70%～80%便能取得很好的安全监理工作成果。对于关键的问题采用安全监理工程师通知单方式发出，对此应非常慎重，确保落实率达到100%。信函、通知单均采用文字加相片的方式，效果好。落实安全监理文件是工程款支付的前提之一。

（7）安全监理培训制度。对某一时段集中出现的安全问题，有针对性地开展安全监理培训工作，对提高安全监理工作效果有很大的好处。培训紧盯现场问题，只讲问题点及解决方案，不讲理论，培训对象就是现场一线操作工。

（8）销项单（Punch list）制度。对现场安全管理存在的重要问题，如临时用电、临边、洞口防护、外架等，采用销项单（Punch list）制度。采用数码相机对问题部位拍照，销项单采用A4纸分两栏，监理工程师将问题照片粘贴于左边一竖栏，文字说明清楚，将文字版、电子版Punch list均发至责任单位，由其整改，整改完毕后拍照，将整改后的相片粘贴于Punch list右边一竖栏，

与问题相片对应，此Punch list闭合。Punch list制度操作有些繁琐，但效果很好，对于大型项目建议执行此制度，中、小项目由于施工单位管理力量薄弱，执行可能有困难。落实销项单是工程款支付的前提之一。

（9）不符合项记录制度（NCR-Non-conformity Record）。对于监理工程师屡次提出而施工单位推诿扯皮拒不整改的关键安全问题，采用NCR制度。所谓NCR制度，即是对施工单位未整改问题采取保留工程款的制度。NCR不是罚款，而是采用保留工程款的方式给施工单位加压，督促其提高整改效率。不符合项整改落实并经监理工程师确认闭合后即可销项，于下期支付保留的工程款。

6.严格奖罚制度，利用奖罚手段提高安全管理工作效果

奖罚制度对提高安全管理工作效果行之有效，在项目开工前制定奖罚有标准。奖罚一定要具体到问题及个人，对工人和安全管理人员一视同仁。

7.重视重大危险源管理，以危险源管理促进项目整体安全管理水平的提高

针对项目特点，进行危险源分析、辨识。合肥京东方（BOEHF）第六代薄膜晶体管液晶显示器件（TFT-LCD）项目重大危险源包括23台桩机、深基坑、28台塔吊、80000m^2高支模、钢结构吊装、临时用电、高空作业、临边及洞口防护、约1000台小型机具、80台吊篮、受限空间、室外沟槽开挖、动火等十余项。通过分析，列出危险源清单，建立危险源管理台账，周期性排查危险源，形成排查记录，查找存在问题。对查找出的重大危险源管理中的问题必须限期整改，没有回旋的余地，对施工单位形成强大的压力。危险源台账应随工程进展而及时更新。

四、结束语

本文对安全监理的各种不同观点进行综述，在此基础上提出“监理企业和监理工程师应面对现实，努力地有针对性地开展安全监理工作，通过自己卓有成效的工作规避安全监理风险”的观点。本文对工程安全、质量、进度、造价监理工作的关系进行综合分析，指出安全监理是质量、进度、造价监理的基础工作。基于工程实践，本文对安全监理工作方法进行了详细论述，提出了经过工程实践证明的行之有效的安全监理工作制度。程序的合法性、形式的有效性、内容的完整性是安全监理工作最重要的三个基本环节。

参考文献

[1]叶声勇．法律的碰撞导致监理的困惑[J]．建设监理，2005（1）：43-44．
[2]邵德润．关于安全监理的认识、探索和实践[J]．建设监理，2005（2）：34-36．
[3]王家远，邹涛．基于《安全条例》的监理安全责任研究[J]．建筑经济，2005（2）：5-8．
[4]王岗，李惠强．建设工程施工安全生产监理[J]．华中科技大学学报（城市科学版），2006（12）：90-93．
[5]倪昌．试论施工安全监理中存在的问题及解决方法．攀枝花学院学报[J]，2005（4）：116-117．
[6]方东平，黄新宇，Jimmie，Hinze．工程建设安全管理[M]．中国水利水电出版社，2001：1-55．
[7]何万钟．施工安全监理责任的学理评析与施工安全内生机制的构建思路[J]．建设监理，2007（1）：16-19．
[8]沈振岳，脱红勇．施工安全监理的重点与实施[J]．建筑技术，2006（11）：867-870．
[9]杜春宇，陈东科．浅析事故经济损失[J]．中国安全生产科学技术，2005（8）：74-77．
[10]吴耀兴．施工企业安全成本的经济特征分析[J]．建筑经济，2010（5）：78-80．

C70自密实混凝土施工质量控制的监理体会

天津开发区泰达国际咨询监理有限公司　李福江

摘　要　随着建筑业的高速发展，建筑业对混凝土工作性的要求日益提高，自密实混凝土以其多方面的优良性能，为解决配筋过密、薄壁、形状复杂、振捣困难等施工提供了很好的方法。本文就自密实混凝土的特点加以分析，结合SGS风力发电（中国）叶片技术测试中心——设备基础施工，阐述了对自密实混凝土施工质量的控制措施。

关键词　C70自密实混凝土　施工过程　质量控制

一、自密实混凝土的概念及性能

自密实混凝土是指在自身重力作用下，能够流动、密实，即使存在钢筋过密也能完全填充模板，同时获得很好均匀性和稳定性，这是浇筑时无需外力振捣的混凝土，是一种高性能的混凝土。其主要用于形状复杂、难以用机械振捣的混凝土浇筑。

自密实混凝土拌合物除满足凝结时间、泌水、和易性和保水性等普通混凝土性能外，它还有其自身的工作性能，是有别于普通混凝土的基本特征。它的工作性能主要包括填充性、间隙通过性、抗离析性。填充性是指混凝土在无振捣条件下，能均匀密实成型的性能，填充性由塌落扩展度或T50流动扩展时间测定；间隙通过性是指混凝土通过狭窄间隙（一般为钢筋间隙）的能力；抗离析性是指混凝土中的各成分保持均匀分散的能力。间隙通过性和抗离析性由L型仪测定。

二、工程概况

SGS风力发电（中国）叶片技术测试中心坐落于天津经济技术开发区西区，用于对风力发电设备的叶片进行各种检测的测试，该测试设备基础当时在世界上只有5座，本工程为世界第六座，亚洲第一座。工程要求混凝土标号为C70，三个基础混凝土浇筑量达788.4m^3。其图纸由德国设计。

该工程难点：

三个测试设备基础尺寸为：6m×6m×6.9m一个；6m×6m×7.5m两个，浇筑方量依次为248.4m^3、270m^3、270m^3。C70等级的混凝土属于钢筋混凝土结构中少见的高强度等级，且为大体积混凝土施工，水化热较高。设备基础对构件尺寸，预埋件及预留洞位置要求精密。基础中间有预留套筒、预埋套管，钢筋过于密集，无法使用串筒和溜槽，振捣器插入困难，无法使用内部振捣器振捣，采用普通混凝土容易造成不密实、蜂窝、孔洞、麻面等，施工质量很难保证。在此情况下，决定采用自密实混凝土。

三、为有效地对该自密实混凝土的施工实施控制，监理对控制施工质量主要做好三个阶段的监理工作

（一）施工前的质量控制

1.审查商品混凝土生产企业的资质、审批混凝土配比方案

（1）审查混凝土生产企业的资质证书，质保体系组织概况、实验室资质、以往的供应自密实混凝土、高标号混凝土的业绩。

（2）实地考察混凝土生产企业生产条件、管理水平、实验室试验能力。自密实混凝土对生产条件、原材料质量的波动反应敏感。如果生产条件和原材料稍有变化，就会对混凝土的工作性能和质量产生很大影响，甚至达不到设计要求。因此监理在考察混凝土生产企业时，必须核实其生产条件，质量保证体系的建立，实验室设备尤其自密实混凝土性能的检测设备的配置，检测人员的配备，实验室试验能力，原材料、配合比、生产、运输等管理措施，生产、运输能力，供应类似C70高标号、自密实混凝土的业绩。综合判断、选取生产条件相对稳定、管理规范、有供应自密实混凝土、高标号混凝土业绩的混凝土生产企业。

（3）审批“C70自密实混凝土配比方案”，并对方案的实施进行跟踪监控。审批混凝土生产企业申报的“C70自密实混凝土配比方案”。自密实混凝土配合比应根据工程结构形式、施工工艺及环境因素对自密实混凝土的技术要求进行设计，在综合考虑混凝土工作性能、强度、耐久性的要求，做出初始配合比，经实验室适配调整得出满足工作性要求的基准配合比，并进一步经强度、耐久性试验得出生产配合比。由于该工程混凝土标号较高，进行混凝土强度试验时，标准养护试块要达到设计强度要求的60天龄期时试压，最终应满足标准养护到设计规定60天龄期的强度要求，并检测耐久性指标，整个配置周期长，监理必须重点监控。申报

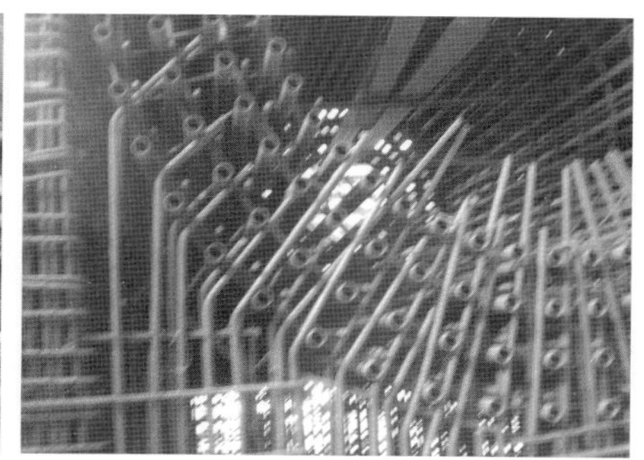

C70自密实混凝土配合比

项目	水泥	细骨料	粗骨料	水	外加剂（ml、kg）		掺合料
每m^3混凝土用量（kg）	380	（河沙）830	碎石（5~16mm）850	155	（高效减水剂）10000	（硅灰）30	（粉煤灰）50 （磨细矿粉）90
配合比	1	2.18	2.24	0.28	0.028	0.079	0.132 0.237

的“C70自密实混凝土配比方案”中应明确初始配合比、基准配合比、生产配合比配置提交的时间，判定其能否满足本工程混凝土供应的需要。对方案的实施监理进行跟踪监控，不定时到混凝土生产企业监控混凝土配置情况，及时发现和解决过程中存在的问题，确保方案顺利实施。

2.监督现场模拟试验，验证和完善C70自密实混凝土的配合比、施工工艺

混凝土生产企业配置出生产配合比后，施工单位结合设备基础的尺寸、钢筋的稠密程度、现场施工条件，在现场制作同钢筋密度的L型试件模型（外长2.5+3m，内长2+2.5m，宽0.5mm，高1m）。按事先确定的配合比配置C70自密实混凝土进行浇筑试验，从L模型的一段浇筑混凝土，让其自由留到模型的另一端，直至稳定。通过实验，记录混凝土的塌落扩展度、T50流动扩展时间、V型漏斗实验、间隙通过性，以便直观判断混凝土的工作性能是否满足施工需要，来检验所设计的配合比是否满足工程应用条件。并对拆模后的混凝土进行外观检查、钻芯取样、破坏性试验，检查混凝土内部是否密实，检测混凝土的力学性能、均匀性是否满足设计要求，获得各种实际数据，并据此调整试验配

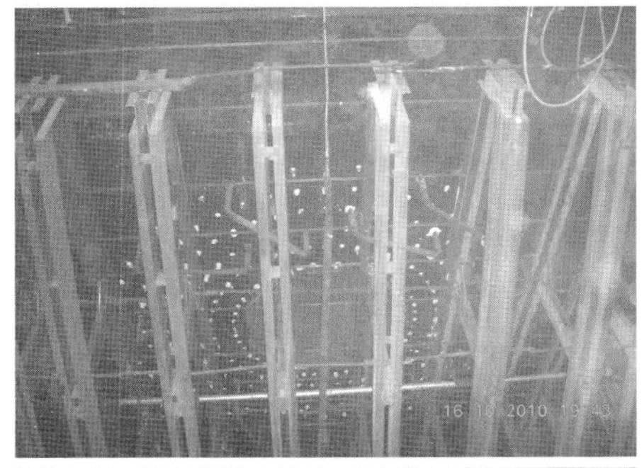

比，直至各项指标完全达到要求后，确定施工配合比，并完善施工工艺。

3.审批设备基础施工专项方案、做好监理交底

（1）审批设备基础施工专项方案

监理审核施工单位申报的专项施工方案，除符合性审查外应重点审核模板的安装、混凝土生产、运输、浇筑的质量控制，混凝土内部温度控制、入模温度控制、冷却循环水管的布置 、测温探头布置、测温时间，人员安排，人员培训，质量保证措施，各种可能出现问题的处理应急预案等。方案必须详细、可行，能有效指导施工。

（2）做好监理交底

因自密实混凝土属新型建筑材料，C70混凝土应用较少，因此施工和监理单位事先确定并培训专门从事自密实混凝土关键工序施工的操作人员、试验检测人员。事先编制监理控制方案、做好监理交底。同时组织施工单位的工程技术管理和混凝土配合比设计、生产人员共同参加的专题会议，对方案的各细节、措施进一步落实。对审批过的施工方案，督促施工单位组织所有施工人员学习，使所有人员熟练掌握施工操作要领，为C70自密实混凝土的施工做好准备。

（二）施工中的质量控制

1.冷却循环水管及测温探头安装的控制

大体积混凝土内冷却水管及测温探头的布置及有效发挥作用是确保混凝土浇筑完成后避免产生裂缝的重要措施，必须对其实施重点监控。

该工程利用设备基础内部预埋的套管为降温管，外部与ϕ54铁管连接，冷却水由中心区流向边区，进水管口设在靠混凝土中心处，出水管口设在靠混凝土边区，每层水管的进出水口相互错开，出水口装有流量调节水阀和流量测试设备。监控施工单位按方案进行冷却水管、测温探头安装，见证通水试验，确保安装质量。

2.模板的控制

模板的安装质量是确保设备基础外观尺寸及质量的重要因素，由于自密实混凝土的流动性大，接近流体状态，对模板的侧压力高。经对模板的承载力、刚度和稳定性验算，确定基础前后两面利用预埋120mm、100mm钢板作为混凝土成型模板，其他两侧面配置普通钢模板。监理从模板所使用的材料、制作、安装等每个环节实施了重点监控、工序验收，确保模板质量。

3.见证自密实混凝土工作性能浇筑前的现场检测、做好记录

（1）见证自密实混凝土工作性能浇筑前的检测

核查施工现场检测仪器的配备，对到场的每车混凝土，除检查混凝土的出厂性能报告外，还进行工作性能的检

测，实测塌落扩展度和T50流动扩展时间、V型漏斗试验、间隙通过性和抗离析性试验、含气量测试等是否符合设计及规范要求。在进行塌落扩展度试验时，监控试验人员利用盛料容器使内装的混凝土均匀流出，不分层一次填充至满，自开始入料至填充结束应在1.5min内完成，且不施以任何捣实或振动，确保试验数据准确。对性能检测不合格的（主要是流动性）混凝土，只能由混凝土生产厂家技术人员补加适当的原用外加剂予以调整，调整后仍不合格的混凝土，退出现场。混凝土拌合物不得发生外沿泌浆和中心骨料堆积现象，如发生,则将该车混凝土退场，不准使用。

（2）制作C70自密实混凝土现场质量检查表、做好记录

为有效地对混凝土实施监控，事先制作C70自密实混凝土现场质量检查表，加强过程监控、见证，做好记录。

4.实行旁站监理

混凝土施工时，监理安排人员进行旁站，全过程控制，旁站包括在混凝土生产厂家和施工现场进行。

（1）在生产厂家旁站

监理主要检查生产厂家的质量保证体系是否正常运转，使用的混凝土组成材料是否与试配相同，原材料进场后储存、混凝土搅拌是否符合要求。监督混凝土骨料含水率检测，每台班骨料至少检测一次含水率。当含水率有明显变化时，增加测定次数，并依据检测结果及时调整材料用量。监督混凝土所使用的

SGS项目基础C70自密实混凝土现场质量检查表

每车检查项目　　　　日期：

项目	合格标准	检查情况	项目	合格标准	检查情况
送货单号	10154126	填写齐全	混凝土入模温度	<30℃	25℃
出场记录	混凝土标号	C70	搅拌到浇筑时间	<240min	搅拌时间：19：45 进场时间：21：20 浇筑时间：21：25 完成时间：22：00
	车牌号	津A98390			
	数量（m^3）	9			
V型漏斗试验	7～20s	9.26m^2	扩展度	650～750mm	700
含气量	<4%	1.3%	扩展时间T50	2s≤T50≤5s	3s

接受：□　　退回：□　　确认人（施工方）：　　　　见证人（监理方）：

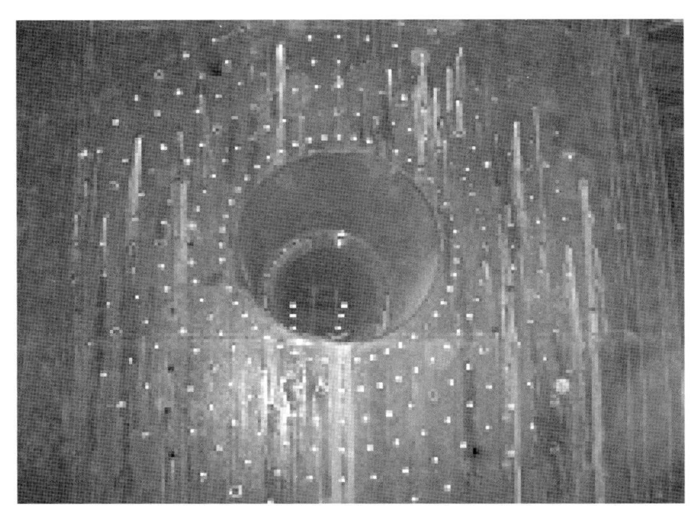

原材料控温措施、混凝土搅拌运输车的防晒措施，原材料入机温度及混凝土出机温度。检查运输车在接料前必须将车内残留的混凝土清洗干净，并将车内积水排尽。监控自密实混凝土工作性能检测。做好监理记录，发现问题及时通知搅拌单位进行整改，不满足要求的混凝土不允许出厂。

（2）施工现场旁站

在施工现场检查施工企业现场质检人员到岗、特殊工种人员持证上岗以及施工机械准备情况、执行方案以及工程建设强制性标准情况。

在浇筑之前，检查模板里是否存有残余的水，少量残余的水都可能导致自密实混凝土产生离析现象、影响混凝土质量。监控自密实混凝土供应速度应保证施工的连续性，罐车到达现场卸料前，应使罐车快速旋转20s以上方可卸料。监控泵送和浇筑过程应保持其连续性，减少分层，保持混凝土流动性，每层浇筑厚度控制在300~500mm，浇筑量控制在每小时浇筑15~20m^3，混凝土沿基础全高均匀上升，一次成型。监控混凝土浇筑倾落高度及布料点，倾落高度控制在5m以下，不能满足的部位，加设溜管装置。布料点最大不超过6m。监测混凝土的入模温度，高温施工，大体积自密实混凝土入模温度控制在30℃以下，混凝土在入模温度基础上的绝热温升值不大于50℃。

见证混凝土试件的制作，在制作混凝土试件时，要求不采用任何的振捣措施，保持与现场施工同条件，以保证混凝土试件能真实地反映实体的质量。按每50m^{3}留置标养1组、同条件1组；共留置弹性模量试块2组、收缩率试块2组。

（三）施工后的质量控制

1.监控混凝土养护

自密实混凝土灌注完成后，应及时采取覆盖薄膜保湿养护，养护时间不得少于14天。同条件试块放在设备基础上、进行同条件洒水养护，做好养护记录。

2.混凝土温度监测

监督施工单位按测温方案对混凝土温度实施监测，连续测温14天，做好测温记录和分析，发现问题及时处理。根据测温数据及时调整循环冷却水流量，使混凝土内部温差（中心与表面下50mm处）不大于20℃，混凝土表面与混凝土表面外50mm处的温差不大于25℃，进水口与出水口的内外温差不超过20℃，混凝土降温速度不大于2℃/天。

3.自密实混凝土外观质量检查

SGS风力发电（中国）叶片技术测试中心——检测设备基础混凝土表面光滑、密实、无蜂窝、麻面现象，对现场留置的试件检测和对实体混凝土进行回弹，平均强度符合设计和规范要求，达到预期的效果。

4.结束语

自密实混凝土以其多方面的优良性能，在配筋过密、形状复杂、振捣困难的混凝土浇筑中得以运用。它能很好地消除普通混凝土表面或内部缺陷，有良好的发展前景。对自密实混凝土的质量控制，应从混凝土生产厂家、原材料选择、配合比设计、工作性评价以及施工等各个环节入手，做好施工前、施工中、施工后每个阶段的控制，确保自密实混凝土工程质量。

参考文献

[1]中国建设监理协会组织编写.房屋建筑工程.北京：知识产权出版社，2008.
[2]段雄辉.免振捣自密实混凝土技术及工程实践.建筑技术1997.
[3]自密实混凝土应用技术规程.北京：中国建筑工业出版社，2012.

工程监理指令的十大常见错误探析

山东恒建工程监理咨询有限公司　苑芳圻

摘　要　建设工程监理指令性文件包括工程项目开工令、分项工程暂时停工令、复工令、工程变更令、工程现场指令和工程监理通知单等几种形式。正确的监理指令一经发布，对合同承包人即具有强制性和约束力，承包人应严格遵守和执行。错误的监理指令一旦发布，一会使承包人难于接受和落实，二会对合同工程的正常持续施工和管理造成混乱，甚至导致时间损失或费用增加，三会损害监理工程师的权威形象。

关键词　建设工程　监理指令　常见错误　探析

建设工程监理的手段包括审核技术文件、下达指令文件、现场监督检查、利用支付手段、通报与约谈等，其中，下达指令文件是监理工程师特别是总监理工程师的职责和义务。国际咨询工程师联合会（FIDIC）发布的最新合同条件即《施工合同条件（1999年版）》和我国发布的国家《标准施工招标文件合同条件（2007年版）》（以下简称《合同条件》）进一步明确监理工程师是业主的一员，应为业主提供咨询服务。在工程监理实践中，正确的监理指令起主导作用，但错误的监理指令也不胜枚举。笔者将其收集、归纳总结为10种类型，剖析如下，旨在提高监理工程师编写监理指令的能力。仅供监理同仁们参考。

错误之一：监理指令延误，该下达时不下达

按照FIDIC《合同条件》规定，监理工程师没有在合理的时间内发出为工程需要的详细或补充的图纸，或发出了不适合的图纸和指示，因此可能影响工程计划而延误工期，以致可以造成费用的增加，导致工程质量问题或发生工程安全事故时，称之为监理指令延误或迟到的监理指令，如混凝土浇筑后的养护不到位，监理工程师没有及时指令整改，28天后压制试块表明强度不合格再指令整改就是迟到的监理指令。监理指令延误、迟到都是监理工程师不称职、不尽责的表现。

错误之二：监理指令的范围扩大，无限停工或停止支付

作为总监理工程师（监理站长、驻地监理工程师）、专业监理工程师，因管辖的工地范围广、权限较大，在下达监理指令时应注意监理指令内容的广度和时间范围的长短，尤其是在工程暂时停工令、工程质量返工整改令、停止工程支付令三个方面。

（1）工程暂时停工的内容范围。根据国家《合同条件》规定，因气候原因可以按各分项工程的施工气温需要而相应下达停工令。因工程施工质量问题可以指令一个分项工程中的某个工序、某个工点暂时停工，可以指令若干个分项工程中的一个或同类分项工程的全部，可以指令一个分部工程或一个单位工程暂时停工。一般情况下，宜点上的问题解决点，面上的问题解决面，线上的问题解决线，不应无限扩大。如一个合同段中的某座小桥，其基础砌石工程质量有问题，驻地工程师可指令该小桥停止基础施工、也可指令该小桥的一切工序活动停止并整顿、也可指令全合同段内的所有小桥停止基础施工（开反面现场会总结提高），但不应指令所有桥涵工程停工，更不应指令全合同段的一切路基桥涵工程停工。同样，工程质量的返工亦应如此掌握。

（2）工程暂时停止支付的内容范围。为使工程质量达到规定要求，监理工程师在关键时间动用停止支付或折减工程款权的指令，这是符合国家《合同条件》规定的。其表现形式为“关于暂时停止×××工程支付的指令”。作为监理工程师行使这一指令权力时，应本着既要严格，又能使承包人承受（或能承受）的原则进行。当某一分项工程的实施情况不能令监理满意时，可以暂停其工程支付（但其工程数量必须按时进行测算和签认）。如正在进行的二灰碎石路面基层的某300m作业段，因洒水养生不及时，监理工程师发现后应及时下达指令，要求承包人立即洒水并覆盖草帘子保湿养生，同时，指令文件中也可明确本月停止该300m的工程支付或停止本月完成的一切二灰碎石基层的支付。但是，不应下令停止本月合同项目的一切支付。

（3）暂时停工、停止支付的时间范围。FIDIC《合同条件》赋予监理工程师的停工权、停止支付权并非无限的大，而是明确地指出为“暂时的”。这个“暂时的”时限不宜过短，更不宜过长。为体现监理工作的公正性、权威性，工程暂时停工的时间长度应使承包人有充分时间进行整改、增强质量意识，形成落实情况报告和“复工申请”为度，既不能走形式（如上午9时下达停工令，30分钟之后又下达了复工指令），又不能造成监理工程师刁难承包人的假象。同样，停止工程支付也要注意工程的正常进展问题，不能因为一片制板的质量问题而停止整个合同工程的一切支付，更不能一停止工程支付就停付二三个月。否则，只能说明监理工程师在耍权威、瞎指令，同时也会影响工程的质量和进度。

错误之三：逆向下达监理指令，指令的下达跨度过大

从指令的词义上讲，指令的方向应为自上而下，其跨度仅为一层（即一级下一级）。具体而言：项目业主可以指示监理，反之不可，监理可以向业主建议或提出要求；监理可指令承包人的工地现场全权代表——项目经理，但不能指令其法人代表，更不能指令其法人代表的上级管理者，对其可以约见、邀请他们到工地协调有关事宜；监理不能指令设计院变更工程设计，但可以提出修改、变更、补充设计的意见；监理不能指令质监部门、政府主管部门到工地现场进行检查或协调，只可以邀请。

从指令的跨度上讲，总监可以指令全线整个工程项目的承包人处理或指令某一具体的共性问题，而不应直接指令某一个子项目的承包人，除非该子项目的监理工程师三令五申后仍未解决某一问题，总监才可指令子项总承包人及指定分包人，但不能直接指令其分包人、劳务队伍或其项目经理部的工程部、计划部、试验室等。

错误之四：越权下达监理指令，没有注意监理指令权的受约束性

下达工程监理指令是FIDIC《合同条件》和项目业主赋予监理工程师的职责和权力之一，但是，监理组织机构中的各级监理人员的职权呈层减关系。因此，具有指令权的总监、子项或专业监理工程师在下达监理指令时应注意工程招标文件和监理服务合同中监理权力的有限性，不可越权。如国家2007年版《标准招标文件》中规定总监在行使下列规定的职权之前，应先取得业主的专门批准：发布工程项目全线的工程开工命令、暂时停工指令/复工指令；延长工程合同工期等。

错误之五：监理指令所指不明，无强制性特点，起不到监理指令应的有的作用

监理指令作为控制工程质量、进度、费用等达到合同要求的一种监理手段，其显著的特点是内容的不可选择性、执行的强制性。如指令承包人安装调试沥青混合料拌合楼一事，如果指令中写道“希望承包人3月下旬安装并调试完毕”，承包人就可能因种种原因而导致沥青拌合楼不能按时生产。倘若指令中明确要求“为确保沥青下面层4月10日前铺筑试验路段，今指令你部必须于3月27日前将沥青拌和楼安装并调试完毕，否则，监理工程师将约见你部法人代表到工地现场协调”。同一个内容和目的的两种表达语气的监理指令，所达到的效果肯定不同，显然后者有效。

错误之六：监理指令的内容与现场实际不符，与技术规范相矛盾

监理指令运作中的这一错误，突出反映了个别监理工程师不学无术，在现场监理过程中旁而不站（起不到旁站的作用）、巡而不视（达不到巡视的目的）的飘浮作风。从而发出了本该指令A涵洞基础砌石返工的，却指令了B涵洞基础。

错误之七：监理指令的书面格式不标准，指令用词不严格

监理工程师发出的书面指令同其他各种公文写作一样，也有一定的格式要求，2013年版《建设监理规范》给出了工程开工令、暂停令、复工令和监理通知单的格式。但实际运作中，有的监理指令无编号、无签发人签字、无签发时间，有的监理指令无抄送，更有甚者文中未写明被指令对象。在监理指令的用词方面，该用短句明确要求的却使用长句，该用肯定句式的用了疑问或反问句式，本该用表示很严格、非这样不可的“必须”词，却使用了“宜、可”，更有甚者使用了“建议、希望、请”等，使得指令不是指令、通知不是通知。

错误之八：监理指令发布频率不当，与监理通知单相混淆

在工程监理过程中，有的监理工程师在整个合同工期内几乎不发出一个监理指令，而有的却又指令满天飞：总监发，专业监理工程师发，监理员也发，形成人人发指令、时时发指令的情况，让承包人尤其是项目经理无所适从、无法落实。还有的现场监理机构不重视超前提示的作用，该事前提示不提示，工程现场发生了质量问题时不是及时发出如何处理的指令，而是想起了发监理通知。另外，有的专业监理工程师就某一个具体的工程问题三番五次地下达指令，而不是全面考虑后一次性列明，写全对承包人的各项严格要求，使得承包人处于应对状态，甚至产生抵触情绪。

错误之九：不检查、不督促指令的落实情况，对落实不到位的监理指令无进一步的合同制约措施

在监理工程师发出的一切书面文件中，监理指令性文件最具严肃性，要求承包人无条件地接受并执行正确指令，而且承包人必须形成落实情况的书面报告。对待工程暂时停工指令，还要求承包人提交复工申请。实际工作中，有的监理工程师对承包人落实不到位的监理指令无进一步的合同制约措施，认为反正我监理下达了指令，你承包人改不改与我无关。其实不然，承包人拒不执行监理指令就是不履约的表现，承包人不履约监理就要报告上级监理或者业主。只有你监理报告了你才无责任了。

错误之十：监理指令的记录不规范，归档不及时

工程监理规范中规定，工程开工及停工指令、工程现场指令、工程监理通知同工程质量检查表、试验表一样，同属技术档案的一部分，应加强记录和归档。

结束语

一个优秀的总监理工程师应该掌握监理指令的正确运作方法，并学会使用指令手段去控制工程现场、控制承包人履约。为此，监理工程师在运作监理指令过程中，应注意以下几点：

（1）认真学习《合同条件》、《技术规范》，全面掌握施工图纸、变更文件以及业主、总监发出的工作文件或会议纪要等。

（2）经常深入工地检查和调研，旁站要抓点，巡视要抓面，点面结合，准确地发现问题，及时地指令承包人解决问题。

（3）注重书面文件工作。主要分项工程或重要合同管理事项要事先提示，提示没落实或落实速度慢时及时下达指令。监理指令必须正确、严肃、秉公办事并经受检查，如有不当之处应进行修正，不可凭一时冲动下达指令制裁承包人，更不可下达错误指令贻误承包人。

（4）及时下达正确的、内容详细的、格式规范的监理指令很有必要，而监督检查监理指令的执行过程、落实结果更为重要。

变形缝两侧剪力墙施工方法分析

阳泉市建设监理中心　贾美珍

摘　要　变形缝两侧剪力墙的施工，是主体结构施工的关键点难点，变形缝采用轻质内模，且缝两侧平行施工时，对混凝土同时浇筑要求极高；采用整体大模板工艺时，模板支设、拆除难度极大。变形缝处的施工质量控制，实则剪力墙施工方法和模板支拆工艺的控制，是贯穿主体结构施工全过程的关键工作，也是变形缝设计功能的施工保证。

关键词　变形缝　平行施工法　单侧施工法

变形缝两侧剪力墙的施工质量控制，是主体结构施工的关键点难点，需要可靠的施工方法和技术质量控制措施。施工方法得当，工艺先进，措施到位，会起到事半功倍的效果。相反，没有可靠的工艺方法保证，野蛮施工，则出事是必然的，施工失败的例子比比皆是。变形缝两侧剪力墙平行施工法使用较多，其紧前紧后工作大致包括钢筋绑扎、内置模板（因施工工艺不同板材不同）固定、外模板支设、混凝土浇筑、定型整体模板拆除等，各项工作环环相扣，紧前工作制约着紧后工作。成品质量的好坏，是对施工方法的检验，无外乎剪力墙的轴线位置、构件尺寸、混凝土密实度、垂直度、平整度以及观感质量等。平行施工法变形缝内表面的质量检查是难点，观感检查尚可实现，实测实量极为困难，通常依靠各种间接手段达到混凝土质量检查验收目的。

一、变形缝概念

变形缝是建筑物的构造缝，是防止建筑物发生开裂或变形破坏的构造措施，也是抵御外界因素作用的抗变形措施。变形缝可分为伸缩缝、沉降缝、防震缝三种。有很多建筑物设计时，会明确变形缝的主要用途，多为单一功能。也有综合考虑各种因素，设计为“一缝两用”或“一缝三用”。这三种缝只有沉降缝严格要求基础断开，沉降缝先天具有伸缩缝和防震缝的功能，防震缝具有伸缩缝的功能。

伸缩缝的作用是防止建筑物因温湿度和自身收缩等因素的变化产生胀缩变形。为此，通常在建筑物适当的部位设置竖缝，自基础以上将房屋的墙体、楼板层、屋顶等构件断开，将建筑物分离成几个独立的部分。

沉降缝的作用是防止建筑物不均匀沉降导致的变形破坏。造成不均匀沉降主要是地基持力层软硬不一使地基压缩性差异较大；或上部结构各竖向部分之间层数差异较大；或使用荷载相差较大。地基发生不均匀沉降带来的剪切破坏会撕裂主体结构，需要设缝将结构分开，使沉降缝两侧各自变形协调，各自沉降均匀，避免变形差异导致结构产生额外内应力而破坏。

防震缝的作用是防止因地震造成建筑物整体震动不协调，而导致结构破坏。设计时把大型复杂的建筑物分隔为较小的规则的结构体，形成相对独立的防震单元，减小地震对房屋的破坏。单元之间用防震缝隔开，防震缝随建筑物高度升高而加宽。

二、变形缝两侧混凝土墙体的施工方法

在工程中，建筑物的变形缝两侧通常会设置墙体，有钢筋混凝土剪力墙、框架剪力墙、砖砌体构造柱混合结构、以及厂房类大空间独立框架柱。主体变形缝部位该如何组织施工，如何质量控制，是施工单位技术质量部门专项控制的关键点，是施工方案策划的重点和难点，也是监理工作的关键点和旁站点。

以剪力墙为例，按照施工先后顺序，通常的做法有两种，一种是单侧施工法，另一种是平行施工法。单侧施工法是单侧常规顺序施工，即先将变形缝一侧的混凝土墙体钢筋绑筋、正常支模、浇筑混凝土，模板固定采用可抽出的对拉螺栓。待拆模后并质量检查合格，随即紧密满粘与变形缝相同厚度的聚苯板或挤塑板，再绑扎另一侧剪力墙的钢筋，支设另一侧的单片模板，利用已浇筑的混凝土墙体上原有的对拉螺栓孔和特制的加长对拉螺栓加固模板，然后浇筑混凝土，聚苯板牢牢地被挤在中间的变形缝位置。先施工一侧的混凝土墙体，能充分限制后一侧墙体的轴线位移，保证变形缝的宽度。平行施工法，顾名思义，则是变形缝两侧混凝土墙体同时绑扎、支模、同时浇筑混凝土。近年来，涌现出多种平行施工法的新工艺，但各有利弊，由于缝内混凝土质量的难检特性，需要可靠的施工工艺和技术措施保证。项目监理机构应对变形缝施工方案预控和施工工艺预检验，实施质量控制才能做到心中有数。而单侧施工法控制就容易得多，属于正常施工做法，两面墙四个面至少75%的可检率。能够充分保证主体结构的质量，但组织不好会影响工期，需要合理划分施工段，组织流水作业。

三、变形缝两侧混凝土墙体施工错误做法

1.过早拆模。单侧施工法赶工期时，先施工一侧的混凝土墙体，缝内侧表面过早拆模，使得表皮粘连脱落，严重的还出现墙体整体下沉，剪力墙水平筋位置出现水平向裂纹。

2.无防上浮措施。单侧施工法后施工一侧的混凝土墙体，单片模板加固时，缺少对拉或固定措施，聚苯板接缝处极易挤入混凝土，使变形缝中出现纵横“夹石层”，聚苯板左右漂移，大幅度上浮是该工法失败的外观现象。混凝土流入变形缝造成的缺陷，很大程度影响其变形缝功能的正常发挥。此现象在平行施工法时也会发生，情况更糟糕。

3.聚苯板污染。变形缝相同厚度的聚苯板贴在已浇筑完的混凝土墙体，没有随即打眼，随即清理落地杂碎，而是固定模板时随意左右穿扎，造成聚苯板大块破损和杂碎落入墙底难以清理。

4.芯模过早拆除撑杆。平行施工法采用“整体定型钢模板”较多，但拆模时间习惯上过早，芯模过早拆除撑杆，等于墙体失去侧限，强度很低的混凝土无法承载自重，极易造成混凝土墙体水平裂纹。

5.隔离材料强度低。平行施工法采用了强度不合格的聚苯板，同时聚苯板没有可靠的加强包裹措施和固定措施，板面极易变形。两侧同时浇筑混凝土时，不能真正的实现“平行”，冲击力推动聚苯板游走，两侧墙体厚度和保护层厚度都得不到保证，缝内侧墙面垂直度和平整度可想而知，会变成“大海一样的波涛”。严重时，聚苯板会挤入墙中，变形缝内灌满混凝土，造成结构隐患。

6.无防侧移措施。平行施工法虽然采用了轻质高强材料隔离。但没有可靠防侧移措施，浇筑时两侧混凝土投料不均匀，双侧浇筑面上升高差悬殊没有及时纠偏，冲击力推动聚苯板位移，尤其在剪力墙根部，一旦侧移就难以恢复，形成一面墙薄一面墙厚。

7.免拆“金属定位件”。平行施工法采用轻质高强材料隔离，同时采用通长的免拆“金属定位件”，横穿剪力墙和变形缝，做双外侧模板内撑。有的施工方用螺纹短钢筋（L=墙宽×2+缝宽）垂直于四层钢筋网片绑扎，梅花布置，混凝土浇筑完成后，缝内密布内撑拉接钢筋。这种钢筋会限制变形缝两端结构的自由变形，而且缝内密布的金属件一旦腐蚀，进而会对主体钢筋产生电化学腐蚀，影响房屋耐久性。

8.无可靠措施夜间浇筑混凝土。平行施工法夜间浇筑混凝土时，照明条件不好的施工现场，混凝土振捣者很难发现漆黑的模板内的情况，更难实现“平行”。出现问题的变形缝剪力墙，大多是夜间浇筑造成质量失控。

平行施工法墙体空洞

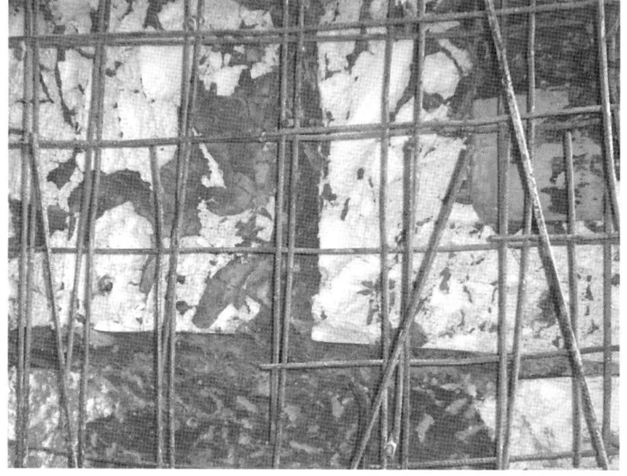

单侧施工法变形缝夹石层

四、变形缝两侧剪力墙施工失败案例

例一：某工程建筑物的变形缝两侧剪力墙采用平行施工法，施工方自认为经验丰富，没有认真落实施工方案就想当然地施工，简单的认为只要将两侧均匀地浇筑混凝土就能保证质量，省时省力省模板。他们将变形缝两边混凝土墙体钢筋绑扎同时完成，然后在变形缝位置插入相同厚度的聚苯板，接着两侧墙体一起支模和浇筑混凝土。由于技术措施不到位，浇筑方法不当，致使聚苯板侧移挤入一侧墙中，造成钢筋严重位移，一侧墙体出现空洞，防震缝内局部灌满混凝土，形成严重结构隐患问题。

例二：某工程变形缝两侧剪力墙采用单侧施工法，后施工一侧的混凝土墙体模板加固，缺少聚苯板固定措施，聚苯板接缝不严密，浇筑时无法控制聚苯板左右漂移和上浮，可想而知，变形缝"软隔离"中出现纵横"硬夹层"，该工法严重失败。

变形缝两侧剪力墙施工质量小缺陷难免有一些，但是大量出现并不易控制，那就是施工工艺的问题。以上案例就是典型的变形缝剪力墙施工败笔，返工处理造成的工期拖延和经济损失也已无法挽回。教训深刻。例子表明，低密度的聚苯板无法应对混凝土的冲击和挤压，严重时会变成泡沫混凝土一团糟，结果墙不是墙缝不是缝。有的聚苯板整体被挤向另一侧嵌入钢筋，剪力墙一边失去保护层，另一边成了二皮脸。有的剪力墙钢筋设计规格较小且钢筋间距较大，内侧钢筋网片一旦局部失稳受挤压变形，引起大面积位移也就不奇怪了，这种情况极易从剪力墙下部开始。

五、结语

有"四个不可"需引起注意。商品混凝土泵送的速度和巨大的冲击力不可低估；侧压力对聚苯板的挤压和浮力不可轻视；混凝土内置聚苯隔板的强度和稳固不可高估；采用内置模板没有可靠的质量保证措施不可夜间浇筑（混凝土）。笔者认为，如果没有足够强度的内模板，请不要采用平行施工法，单侧施工法比平行施工法可靠；定型钢模板平行施工法是当前采用较多的好工法，省时省力又省钱。聚苯板密度和抗压强度指标应严格按照设计图纸要求，不得以次充好。

总之，对变形缝的认识，我们应该上升一个高度，即变形缝是建筑物的生命缝。要概念清晰，不能模棱两可，也不能马马虎虎的不重视它。试想如果不重要，怎么会设一个缝隙在结构中，费工费料费时间，花冤枉钱。变形缝两侧墙体的施工质量关系到建筑物的寿命；关系到寿命期内建筑物安全伸缩、沉降、防震；关系到房屋正常使用和人民群众的生命财产安全。上面案例剖析出了施工单位质量技术管理人员不负责和不认真，揭示了项目监理机构质量控制不细致不严谨。事实证明，质量技术管理工作，侥幸心理要不得，没有可靠措施的施工方法和不成熟施工工艺要谨慎采用，否则得不偿失。

建设监理企业开展项目管理服务的实践与思考

宁波高专建设监理有限公司　张文戈

为了适应我国投资体制改革和建设项目组织实施方式改革的需要，同时也为了增强企业竞争力，宁波高专建设监理有限公司自2003年起开始从事项目管理服务。十一年来，我公司在做精、做强监理业务的同时，积极进行项目管理服务的实践和探索，目前建设监理和项目管理已成为公司的两大主营业务，实现了企业效益和信誉的同步提升。

一、宁波高专建设监理有限公司开展项目管理服务的基本情况

1.开展项目管理服务的起因

宁波高专建设监理有限公司在长期的监理工作实践中深切地体会到，一是建设单位作为项目组织者，是建设项目各方责任主体的龙头和核心，其履职能力对项目建设目标的实现所发挥的作用是无可替代的，而多数一次性业主所具备的履职能力无法与其所担负的职责相匹配。二是通常意义上的建设监理服务，主要服务内容为施工阶段的质量控制，游离于建设方核心管理工作之外，难以为建设方系统目标的实现提供全面有效的帮助。三是欲要增强企业实力、树立企业的市场信誉，则不能仅局限于施工现场的“监工”身份，而需要具有项目建设全过程的综合管控能力，真正成为智力型工程咨询服务企业。

正是基于上述三点认识，宁波高专建设监理有限公司自1998年起先后在多个项目的监理工作中引入项目管理的理念和方法，针对委托方需求，积极主动介入建设方管理工作，并均取得了良好的管理效果。这些工作的开展，不仅使宁波高专建设监理有限公司初步具备了开展项目管理工作的实践经验和人才基础，亦使宁波高专建设监理有限公司在监理市场中的信誉得到大幅度提升，我们更清楚地意识到了项目管理广阔的市场前景。也正是基于这些认识和准备，宁波高专建设监理有限公司在《关于培育发展工程总承包和工程项目管理企业的指导意见》（建市[2003]30号）文件下发后的数月内便正式开展了项目管理服务。

2.项目管理合同的服务内容及对象

自2003年6月开始从事项目管理服务以来，共签订建设工程项目管理合同61项，总建筑面积约300万m^2，项目总投资约150亿元，合同价款近2亿元。项目类型涵盖公共建筑、商业建筑、文教体卫建筑和住宅小区，其中，最大单体建筑为建筑面积11万m^2的超高层上市银行总部大厦，最大单项合同为总建筑面积超80万m^2的住宅小区项目。

宁波高专建设监理有限公司项目管理服务基本覆盖了项目决策阶段至项目交付阶段的全过程，服务内容可大致分为下述两类：一般性建设方建设管理服务（通常意义上的建设方管理工作）和各类专业咨询服务，主要包括设计咨询、招标代理、造价咨询、工程监理、其他咨询，可供业主根据实际需要自由选择不同服务进行组合。宁波高专建设监理有限公司已经签订的61个管理合同中，一般性建设管理服务合同3项，一般性建设管理与造价咨询、招标代理、建设监理等不同组合形式的58项，项目管理服务费组成为一般性建设管理（按建设单位管理费为基数计费）与按相应收费标准计取的专项咨询服务费累加计取。项目管理服务可以向建设单位提供菜单式服务，为不同需求的业主量身打造具有针对性的多元化服务。

3.开展项目管理服务的基础资源建设

公司现有建设监理、招标代理、造价咨询、工程咨询等多项咨询类甲级资质。现有专业技术人员中具有本科学历以上的占比63.6%，具有工程师职称以上的占比59.3%，共148人次获得注册监理工程师、注册造价工程师、一级注册建筑师、一级注册结构工程师、一级注册建造师证书等国家级注册证书。公司以用人所长、相对稳定为原则，选调96名综合素质或专项能力突出的专业技术与管理人员组建了项目管理事业部，下设总师室、工程部、技术部、合约部、机电部、前期部、造价部、招标代理等职能部门，形成了与项目管理服务相适应的职能矩阵式组织结构，并于2013年修订颁布了项目管理规章制度汇编，规范项目管理工作，保证了项目管理服务的工作质量。

同时，在完善和健全公司的各项管理工作的基础上，公司自主开发具有自身服务特色的应用软件，在企业管理标准化、规范化、程序化的基础上，逐步实现企业管理信息化，提高职能部门的工作效率，并正逐步推广到全公司管理的信息化，以期提高项目管理的水平，提高管理工作效率，并最终为服务项目创造经济效益。

4.开展项目管理取得实际效果

宁波高专建设监理有限公司提供的项目管理服务总体效果良好，所有项目的建设程序按照法律法规有序开展，未发生任何建设管理责任事故，且委托方投入的管理力量平均每个项目不足一人，大量节约了建设管理费。已竣工的项目基本实现了投资、工期、质量和安全控制目标，共获得国家优质工程银奖1项、浙江省优质工程3项、宁波市优质工程8项。在已竣工项目中，共5个含工作质量奖罚条款的项目管理合同审计结束，其中涉及奖罚条款20余条，审计结果为12条获得奖励，合计奖励金额220万；1条因联系单签署问题被扣罚，扣罚金额2.45万元。

二、如何开展项目管理服务

1.工作的规范化是开展项目管理的基础条件

建设项目管理的研究论著很多，但大多偏重施工方项目管理工作，对建设方的项目管理理论研究、规范标准制定、成功经验总结等则相对欠缺，尤其是一些非专业的中小建设单位，其管理力量本就有限，十分需要规范化的项目管理服务。针对这样的现实需要，作为提供的项目管理服务的专业机构，应以规范化的工作保证各项建设管理工作的合理有序推进和对建设目标实现过程的有效控制，展现项目管理良好的从业形象和服务优势。

宁波高专建设监理有限公司在提供项目管理服务的十余年间，陆续出台了五十余个岗位职责和工作制度，使项目管理的各项工作和管理人员的行为都能基本做到有章可循、有据可依。在推进工作规范化的过程中，我公司强调以计划管理为纲，适时编制项目管理规划，明确各项管理目标、组织机构及保障措施等，制定项目总控计划、阶段工作计划、专项工作计划，做到凡事有计划，大事有总结，保证项目建设的基本秩序，基本实现规范化管理。

2.技术管理是项目管理的亮点展示区

委托项目管理的真正诱因是建设方多专业技术及合同管理人才的缺乏，所以技术与合约管理应是项目管理的核心工作内容。我公司在技术总师条线下设技术部、项目部技术工程师，专司项目管理事业部及项目部的技术管理职责。在设计工作开始前，协助建设单位明确建筑功能、确定建设标准，编好勘察设计任务书。在设计阶段，主动把握设计进程、协调设计条件，做好多设计单位间工作界面管理。在设计单位提交设计成果后，及时开展设计文件的内部审核工作，重点在功能实现分析、设计优化建议及设计文件的细节缺陷等方面加大工作力度。

据不完全统计，近六年内我方否定项目方案设计文件两项，否定或部分否定扩初设计文件六项（均为我方参与管理时已经办理完成扩初批复手续的项目），否定专项设计文件二十余个。提出并被设计单位采纳的设计（含设备材料选型）合理化建议数百项，其中单项建议最高节约投资额为500余万元，提出设计文件中的“错、漏、碰、缺”问题更是难以计数。设计管理工作既可体现专业项目管理的技术优势，又可为项目建设目标的顺利实现提供保证。

3.合约管理是项目管理不变的主线

宁波高专建设监理有限公司高度重视合约管理工作，项目管理事业部在总经济师条线下设有合约部、造价咨询部、项目部合约工程师，专职负责项目的造价管理、资金使用管理、采购与招标管理、合同管理。在具体工作中我司特别强调以下三点：一是合约管理的系统性，将合约工作与项目建设管理的总体构想紧密结合，适时进行项目合同策划，再行确定具体合同界面及合同主要条款，让清单编制与招标文件、合同文件相符；让总包、分包合同相符；让合约工作与项目进程相符。二是严谨，严谨的合约可以规避众多的建设管理风险，清单的小疏漏、总分包合同间的小矛盾、合同条款的小歧义，都会为项目管理埋下隐患、制造矛盾、增加风险。三是动态性，将设计概算按合同构架进行分解，将其与合同价格比较，及时记录合同支付及合同变更（需估算变更额）。采购管理持续项目建设整个过程，技术采购、服务采购、材料设备采购、施工采购，在一定程度上，可以将建设项目管理理解为一系列的采购管理。

十余年内，宁波高专建设监理有限公司经手签订的所有建设合同均得以无纠纷有效履行，所有已结算项目概算执行情况良好（仅有两项超概算不足2%），未因相关工作质量受到任何行政处罚（二审核减率超3%便处罚等严苛的行政规定）。我公司在不同项目分别取得了亿元施工总包合同联系单等变更费用仅为签约合同价格的1.68%和项目概算额与合同结算额误差累计不足1%，且二审核减额不足2%的上佳结果。对部分新技术的采购工作进行创新，例如在2003年“地源热泵中央空调系统”和2013年“高效全变频空调冷热源机房系统”采购工作中，在经过充分论证基础上，突破常规、大胆尝试采用“设计——采购——施工”一体化招标，均取得良好效果。

4.双方信任是项目管理取得实效的基础

管理方接受建设方委托开展项目管理工作，扮演的是建设方决策时的“智囊”、实施时的“管家”的双重角色，只有双方通过整合管理资源，在既有分工、更需协同的基础上，合作履行建设管理职能，才使建设项目的“甲方”管理工作更加全面、更加系统，更加专业、更加严谨，所以委托与被委托双方的密切合作程度是影响项目管理能否成功的又一关键因素。我司为处理好与委托单位的合作关系，在开展项目管理服务工作中始终注意以下几点：一是加强从业员工的职业道德教育及制度约束，要切实代表委托单位利益，绝不可谋求任何合约外企业或个人的私利，这是获得委托方信任的基础，我公司至今从未收到过任何对项目管理从业人员职业道德方面的投诉。二是工作态度积极主动、勇于担责，且须充分尊重建设方的各项决策权力，力求做到工作要“到位”，但不“越位”。三是在项目管理工作制度的制定和双方沟通协调机制的确立中，管理方要发挥主导作用，切不可盲目迎合委托方已有的工作习惯。四是要认识到管理方作为专业咨询公司，在保证效率的同时尚需认真执行现行法规政策，需用书面证据保证工作责任的可追溯性。与我公司签订项目管理合同的委托单位共计有16家，其中4家委托单位为一次性业主，其余委托单位均为长期合作关系，已经建立起良好的沟通协调机制。

三、对项目管理发展的几点思考

1.前景广阔：项目管理的实质是对建设单位履职能力的加强，不仅适用于政府投资项目，也适用于其他社会投资项目，有广阔的市场空间。在既没有国家强制规定，也没有过多推介的条件下，我公司开展项目管理工作的实践也足以说明市场的广阔。但与相对广阔的市场需求相比，能对诸多模糊需求进行识别、引导并加以满足的项目管理服务的有效供给明显不足。

2.综合咨询：项目管理的服务内容、阶段及方式要根据项目性质、复杂程度、建设方的管理能力、供给方的技术及管理条件等诸多因素而变化和调整。但服务内容以一般性建设方建设管理服务与多项专业咨询（监理）服务综合形式为宜。此类合同形式，不仅可以降低建设方委托费用，提高被委托单位经济效益，更为重要的是可以进一步明确被委托单位的管理责任，增强项目管理的系统性，提高管理实效。

3.多方共赢：监理企业接受委托开展项目管理服务，在委托单位、受托单位双方受益的同时，对建筑市场的规范亦可发挥积极作用。首先，就监理企业自身而言：一是业务范围和服务内容得以拓展；二是人员结构和素质得以提升；三是经营者和员工的市场理念得以更新；四是项目管理和建设监理互为依托和补充，在相互促进共同提高服务质量的同时，也提高了企业效益，进而使企业的社会信誉得以进一步确立。其次，就委托方而言：一是与自组管理机构、分别委托监理及咨询服务相比，委托项目管理方式更易提高整体管理效益、降低建设管理成本；二是通过项目管理方对项目进行的专业化、系统性、全过程管理，可有效降低项目风险成本，更好保证项目建设目标的实现，提高项目的投资效益。最后，就建筑市场而言：由于有了专业的项目管理方的强力配合，使项目建设管理工作得以规范，使建设方自身的履职能力及其对参建各方的管控力度得以增强，这对政府及社会规范建筑市场秩序的努力将带来极为重要的积极影响。

4.转型基础：在业内具有良好信誉、较全资质的较强综合实力的监理企业完全可以提供项目管理服务。但须树立两个意识，一是市场意识，要对项目管理服务的市场需求进行调查、分析和引导；二是责任意识，企业及从业人员必须树立对建设过程的几乎所有管理失误承担管理责任的意识。同时，要加强三项建设：一是队伍建设，要有一批职业道德优良、敬业精神可嘉、技术能力较强、管理经验丰富、工作作风严谨的项目管理人才储备；二是机构建设，项目管理服务不同于建设监理，必须构建与管理职责相匹配的组织架构；三是制度建设，要建立一系列内部工作制度以及适度灵活的与委托单位协调配合的工作制度。

5.多帮少管：项目管理市场尚处在发育的初期，需各级政府建设主管部门对其进行大力倡导，制定宽松政策积极培育项目管理市场，暂不宜通过文件规定对其进行刚性规范。

6.取费受限：目前国家相关部门尚未对项目管理服务取费制定统一标准，与很多地区相类似，宁波市通行做法是按建设单位自行管理成本的90%作为项目管理服务费用的计取依据。这一极低的取费标准严重制约了项目管理市场的健康发展，建议主管部门出台相应收费指导意见，或是将项目管理收费完全交予市场决定。

宁波高专建设监理有限公司提供的项目管理服务，项目性质仅局限在民用住宅项目及商务办公等公共建筑，服务内容基本是对建设目标的优化完善和对既定建设目标实现过程的控制和管理，服务质量尚需大幅提高。我们会一如既往地专注于企业的健康发展，专注于建设监理及项目管理两大主业，立足于顾客满意，努力超越顾客满意。

从社会投资项目（房地产）的“监理+项目管理”合作模式论监理企业的转型与发展

河南新恒丰建设监理有限公司　顾保国　谭江龙

摘　要　回顾我国监理行业二十多年走过的风雨历程，有过艰辛的泪水，更有过成功的喜悦。随着建筑市场的不断完善和建设标准不断提高，监理行业已面临着诸多的困境和发展障碍，转型升级迫在眉睫。本文主要介绍“监理+项目管理”的合作模式在房地产开发项目上的成功案例，为新形势下广大社会投资项目提供了一种参建各方共同认可的工程管理模式。

一、行业发展的现状及企业面临的困惑

随着我国建筑业的不断规范和完善，监理行业也取得了长足的发展，随着监理业务的不断延伸，监理行业的发展也遭遇了各种各样的瓶颈。行业竞争无序，特别是在价格上的无序竞争造成很多项目低价中标，无法确保有效实施现场监理工作，从而形成了建设单位不满意、施工单位不满意、主管部门不满意、甚至监理企业自己也不满意的困境。

如何突破困境，作为企业的管理者，大家的想法是一致的：只有创新发展才是唯一出路！如何在现有的市场环境下做出企业的自身特色，是首先要解决的问题。有一句话是这样说的“要想改变环境、首先要改变自己”，如果我们自己不求改变、不求进步，总抱怨环境、抱怨甲方不出高价，我们就能解决现状吗？通过多次讨论最终公司管理层一致认为要从改变自身做起。我们召开闭门反思会，各部门、各岗位、每个人不讲成绩只讲不足，通过反思找出了监理行业存在的问题和企业的管理漏洞。

二、传统监理存在的问题

（一）监理企业的常规做法

1.在满足需求的情况下尽量降低成本；

2.人员数量能少就少；

3.人员素质满足基本需要就好；

4.现场设施及检测工器具等能减就减。

（二）现场监理人员的常规做法

1.监督施工单位按设计图纸施工；

2.按施工规范验收；

3.按监理规范规定的控制流程进行监理。

（三）传统监理存在的问题

1.现场监理工作存在的问题

（1）由于不参与勘察设计、招投标、承包合同签订等前期工作，致使对设计的合理性、实用性、经济性不能做好事前预控，对招投标阶段存在隐性风险不能做好事前防范；

（2）由于人员数量不足使工作监控不到位；

（3）由于人员素质问题使现场工作不能满足建设单位要求；

（4）由于现场设施不足，不能进行必要的检查，无法有效提升工程品质。

2.现场监理人员存在的问题

（1）本本主义、思想僵化不去考虑使用者需求，只知道按图施工、按规范验收；

（2）工作主动性不高、工作没有激情，等候报验，不注重事前预控，没

有细节管理；

（3）工作没有前瞻性，以事后控制为主。

由于上述原因，造成了监理成效不佳，建设单位及主管部门不满意，监理取费低的恶性循环。

三、改变思想、寻求突破

“监理企业认为市场不好、取费低，监理是在夹缝中生存”的想法，才是得不到市场认可的根源。我们应当更多的反问自己，是否站在建设单位角度考虑，是否真正了解业主需求，是否知道建设单位对我们的担忧之处?

宁波高专建设监理有限公司在反思的同时又安排人员走访合作的建设单位，通过走访了解到，其实多数建设单位并不是不愿意多出监理费；特别是一些房地产开发商，他们急需提高工程品质，但他们认为现在的监理就是出了高价也并不能确保就能做好现场工作，他们对监理在工程品质提高上的作用预期不到，感觉钱出的不值！在了解具体情况后，我们一边开始抓企业漏洞管理，一边主动出击找合作过的老业主推销我们想改变传统监理工作的想法。

在项目合作上向业主提出了“监理+项目管理”的管理模式，建设单位减少人员配置，负责工程建设大方向，我们负责工程建设具体实施和细节。从设计阶段施工图优化开始通过项目实施到竣工入伙全过程一站式交钥匙服务；具体实施方案为：公司派副总1人常驻项目现场，负责合作模式的建立、完善和过程管理。现场人员管理采取建设单位面试，合格方可上岗；人员工资由双方协商标准，并设考核工资；实施过程由建设单位及监理部联合考核，考核合格计发考核工资，否则扣除考核工资等管理和计费方式。

通过多次主动沟通和努力，这种真诚的合作态度得到了业主的认可，我们终于与曾合作过的河南郑州知名房地产企业--信和（郑州）置业有限公司签订了关于其开发建设的四百余万平方米“普罗旺世综合体项目”的战略合作协议。

四、“监理+项目管理”模式在项目中的实施

普罗旺世工程是由信和（郑州）置业有限公司开发建设的综合性地产开发项目，项目位于郑州市国基路与索凌路交汇处，项目总占地面积约107万m^2，工程项目包括别墅、多层洋房、小高层住宅、高层住宅、学校（中、小学各一所）、商场、健身中心、游泳中心、餐饮中心、儿童中心、礼堂等工程。项目总建筑面积486万m^2。项目自2005年开工建设，一期工程建设时我公司就开始参与了工程监理，截至2009年信和与我方签订战略合作协议前，曾先后有8家单位采用传统监理方式对项目施工阶段实施监理，工程效果建设单位始终不是很满意。

（一）前期准备工作

为了更加准确的了解建设单位管理要求、管理理念及工作流程，2009年9月1日公司常务副总带领15人的管理团队进驻工程项目，义务为建设单位服务了8个月。

主要开展以下工作：

1.巡视业主当时的所有在建工程项目，发现项目中存在的问题；针对发现问题以书面形式汇总上报建设单位项目部。

2.从设计角度、施工工艺、过程管理等方面分析问题。

3.针对发现的问题制定管控措施和明确具体的工作方法，防止在下个工程中重复出现。

4.参观其他做得好的工程项目，拍照片与业主在建项目对照、分析，找原因、找差距。

（二）工作思维转变

通过对传统监理模式存在问题的分析，结合我公司参与建设单位工程管理8个月以来所了解的实际情况，更加清楚了建设单位为什么会对传统监理工作不满意。建设单位要的是有效降低交房时的客户投诉率；要的是不渗、不漏、不空、不裂、空间尺寸合规；要的是结构安全、布局合理、使用方便；要的是外观效果、景观布局、品位高端。而传统监理所关注的往往是图纸、规范；双方的关注点不统一、目标不一致，所以才会造成建设单位不满意。

要想根本转变建设单位对传统监理的看法，我们必须转变工作方式，只有和建设单位保持目标一致、行动统一，监理企业才能得到建设单位的认同；只有围绕这条主线，改变以往常规做法，以事前预控为主，采用因果导向，以结果倒推过程管理，将管控工作放在工序开始前和过程中，监理工作才能得到认可。

（三）实际管理成效

通过前期的努力，信和（郑州）置业有限公司在2010年将中心商业工程交付我公司以“监理+项目管理”模式实施过程管理。2010年郑州市的监理行情是监理取费8元/m^2左右，而我们签订合同的监理取费为14元/m^2。

1.岗前培训

加强岗前培训和管理交底，改变现场人员工作认识，建立培训学习机制，通过培训学习提高现场人员工作认识、

转变工作观念。主要采用公司岗前培训学习，工序开始前管理者代表进行管理交底，过程中总监每周培训学习。培训学习以图纸、规范、工艺做法、工作方式方法为学习内容。主要解决人员的本本主义和好好主义，不能只停留在图纸、规范上，工作要延伸，要站在建设单位和小业主角度上考虑问题、解决问题。

2.开展设计方案比选和施工图优化

工程品质的决定因素除了施工环节外，施工图纸本身设计质量的高低直接决定着工程品质和业主投诉率，因此在工程施工图设计初期的户型方案比选尤为重要，在本项目上我公司从方案比选即开始介入管控，具体有：

（1）户型选配

参与户型方案评审，从房间布局、使用面积扩增、采光、通风、节能，特别是结构选型节约成本和后期业主使用上提出监理方意见；

（2）施工图优化

组织专项会审优化施工图纸，让现场各专业人员树立图纸会审≠图纸优化的理念。常规的图纸会审一般是一窝蜂的集中会审方式，不利于解决问题或者不能较深入的发现问题，由于施工图设计一般分专业设计，从而容易造成各专业之间不对照，特别是很多设计人员现场经验不足，为业主使用方便的服务意识不强，防止开裂、渗漏的细节不加注意，或者一味追求效果忽略后期使用等需求，均会造成不必要的返工或投诉，如由于空调板结构设计尺寸未考虑外保温厚度、铁艺栏杆安装等因素虽然外立面效果较好，但由于未考虑空调主机安装和空调主机尺寸从而造成在后期实际使用时破坏外立面整体效果。

由于各专业设计时不能很好站在业主使用角度充分考虑，再加上业主使用群体的差异化，从而造成现在出现的只要房屋交付使用，开始装修前的第一件事就是改水、改电、砸墙改户型，就出现了行业需要控制的新指标“毛坯房改造费”，也就是改造毛坯房花费的单方成本，这样的精装前改造不但造成了极大的资源浪费同时也对环境造成了损害。

在本项上从施工前开始开展对施工图的专项会审，通过采用分专业会审、合并专业串图、专项对图等措施对施工图进行优化设计，在项目实施中取得了很好的实际效果，对降低业主投诉率起到了很好作用。

3.过程管理采用技术交底、样板引路、工序交接、实测实量和针对性专项检查验收

（1）技术交底

按照作业指导书及细部做法要求，在每道工序开始实施前对人员进行技术交底，使每位人员掌握具体要求；参与施工方工前技术交底，监督施工方交底到班组作业工人。

（2）样板引路

所有工序在施工前首先需确认样板，样板确认后对所有人员现场针样板进行交底，使每位参与工程管理的人员明确施工标准。

（3）工序交接

每道工序施工完成交付下道工序施工时严格办理工序交接，让下道工序来检验上道工序施工质量，符合要求就接收，否则返工整改，一是形成工序之间的相互制约，二是减少工序之间相互扯皮推诿。

（4）实测实量

在项目管理上主要以事前控制为主，将竣工前的分户验收工作按工序在每道工序施工时开始对分户验收涉及项目进行管控，实行实测实量，如:

工程定位放线结束后我们将传统监理对轴线、标高的抽查验收改为全数检查，并同步形成监理实测实量记录，以确保定位准确；

模板支设完成后从模板阶段即开始对模板的垂直度、平整度、开间尺寸、净高和顶板极差进行实测实量，并形成实测记录，主体施工阶段开始分户验收；

内墙粉刷阶段从冲筋打点就开始对房间的开间、进深、墙面垂直度进行实测实量等等；

整个管理过程都将所有工作前置控制和管理，通过事前管控确保工程质量，从而达到竣工时的分户验收结果。

（5）针对性专项检查验收

传统监理主要对隐蔽工程进行验收，在本项目上我们除了做好正常验收外，针对业主投诉率较高的渗漏、开裂问题，有针对性增加专项检查验收项目。在防渗漏上对主体结构的对拉螺杆孔、悬挑架槽钢孔、连墙杆孔等所有孔洞实行逐个封堵验收，外立面淋水试验，无防水要求楼板面采用洒水试验检查现浇砼板有无渗漏现象等措施，从而确保无渗漏。在防开裂上针对不同材质膨胀收缩率不同易开裂问题，我们在砌块与混凝土交接处增加了网格布粘贴验收等措施。实施有针对性专项检查验收来减少渗漏、开裂问题的出现，从而减少业主投诉率。

4.参与竣工验收后的交房入伙

传统监理在工程项目竣工验收后就完成了监理合同内容，而在本项目上我们全程参与向小业主交房过程，工程项目交付小业主我们的工作才算全部完成。主要采用以下方法:

（1）在竣工验收后首先组织由建设单位、施工、监理、物业共同参与的交房样板确认，使相关各方明确交房标准；

（2）安排人员全面对所有房屋按交房标准查找问题，对发现问题书面通知相关各方，并制定整改进度控制节点，跟踪整改过程对发现问题及时检查销项；

（3）物业对接和保洁检查；

（4）交房跟班：在向小业主交房时以物业对接为主，全程跟班交房过程，编制房屋使用说明书，组建各专业、各责任主体单位的交房工作组，明确责任人；对小业主提出的问题及时进行整改，体现服务从而提高业主满意度。

总之，通过采用“监理+项目管理”模式对工程全过程的交钥匙管理，在整个工程管理过程中取得了以下成效：

参与了信和工程作业指导书的编制工作，工程管理思路更加清晰；

完善了监理项目的管理流程及工作方式和方法；

通过项目的实际操作实施在管理上更加的精细；

锻炼了团队、培养了人员；

通过项目实施使合作的方式固定了下来；

最终整个项目交房时业主投诉率0.48条/套；而原先交房的业主投诉率大于1.5条/套。

我们的项目管理工作得到了建设单位各部门和广大业主的一致认可。

五、“监理+项目管理”模式取得的成效

通过前期成功的项目实施，取得了建设单位的信任和肯定，信和置业将普罗旺世所有后续工程项目均直接委托我公司，随后又将其开发建设的郑州东区龙湖地区龙之梦（75万m^2）工程项目及郑州市中牟普罗旺世中城项目（占地6000亩、2013年10月一期安置房开工建设）的所有工程项目全部交付我们按“监理+项目管理”管理模式实施管理，监理取费也从原先的14元/m^{2}提高到17元/m^2。

六、“监理+项目管理”管理模式在河南的示范作用

通过五年来与信和（郑州）置业有限公司的合作，普罗旺世的工程品质有了较大提高，业主投诉率控制在1条/套以内（国内房地产标杆企业一般在1.2条/套左右），房屋销售情况及房价均明显

索A区（青年城，2011年）

E2西区（48栋别墅及2栋34层高层）

索东C区（商品房加公租房，2013年）

龙之梦西苑（花园洋房郑东新区龙湖，2014年）

高于周边地产项目。

普罗旺世已成为郑州乃至河南房地产工程品质的标杆项目，很多房地产企业都将普罗旺世工程作为开发建设的标杆来参观学习。正是由于我们在普罗旺世的成功合作和管理，为我们赢得了更多的市场机遇，很多房地产企业在来普罗旺世参观学习时，对我们与信和（郑州）置业有限公司的合作模式非常感兴趣，纷纷到我们现场监理部观摩。看过我们管控的工程实体及资料后很多企业都表示愿意采用“监理+项目管理”的合作模式。

2014年初，郑州市另一大型房地产企业康桥地产通过考察后决定采用“监理+项目管理”的合作模式，他们在工程招标时直接用我们与信和置业的合同版本作为招标文件公开招标，并邀请我公司参与工程项目投标。由于我公司投标报价远远高于其他单位报价，而康桥地产又非常想让我公司参与其工程建设。为此，先后组织了4次合同报价谈判，最终康桥地产将本年度所开工建设的三个工程项目中的两个交与我方实施管理，并且将康桥地产最重要的一个项目也是郑州市目前唯一的一个特高层住宅项目——康桥·溪山御府（地下2层、地上41层）交予我方管理，我们的合同价也高于另一家中标单位7元/m^2之多。

结束语

五年来，通过我公司在房地产开发项目的实践证明，“监理+项目管理”的合作模式为建设单位和广大业主创造了良好的社会和经济效益，得到了建筑主管部门和参建各方的广泛认可，更得到了河南多家知名房地产企业的关注和青睐。

在我国全面深化改革的新形势下，特别是住建部《关于推进建筑业发展和改革的若干意见》中提出的“建设单位可自主选择监理或其他管理模式”正式实施后，“监理+项目管理”的合作模式将具有较大的推广价值。

对监理制度改革的理解和政策建议

陕西省建设监理协会　商科

高级经济师，陕西省建设监理协会会长

党的十八大以来，随着各项改革的全面展开和不断深化，对行政管理体制改革的要求也不断深入，对推进市场经济的发展，对政府职能转变提出了新的要求。按照党的十八届三中全会通过的《中共中央关于全面深化改革若干重大问题的决定》精神，当前及今后一个时期国家深化行政管理体制改革的重要任务是：充分发挥市场作用。"经济体制改革是全面深化改革的重点，核心问题是处理好政府和市场的关系，使市场在资源配置中起决定性作用和更好发挥政府的作用"；着力转变政府职能。"切实把政府经济管理职能转到主要为市场主体服务和创造良好发展环境上来"；激发社会组织活力。"正确处理政府和社会关系，加快实施政社分开，推进社会组织明确权责、依法自治，发挥作用"。

按照国家行政管理体制改革发展趋势，住房城乡建设部最近出台的《关于推进建筑业发展和改革的若干意见》（建市[2014]92号），其中，提出了深化建设监理行业改革的目标和内容，目标是进一步坚持和完善工程监理制度。内容有以下五个方面：

1.分类指导不同投资类型工程项目监理服务模式发展；

2.调整强制监理工程范围，选择部分地区开展试点，研究制定有能力的建设单位自主决策选择监理或其他管理模式的政策措施；

3.具有监理资质的工程咨询服务机构开展项目管理的工程项目，可不再委托监理；

4.推动一批有能力的监理企业做优做强；

5.坚持淡化企业资质、强化个人执业资格的改革方向，探索从主要依靠资质管理等行政手段实施市场准入，逐步转变为充分发挥社会信用、工程担保、保险等市场机制的作用，实现市场优胜劣汰。

一、怎样理解对现行监理制度改革

工程监理制度作为我国工程建设管理的一项重要制度，自1988年开始试行以来，至今已经历25年多了。25年多来的工程监理实践证明，工程监理制度在我国工程建设管理中发挥了重要作用，在保证工程质量、加强安全生产管理、提高投资效益等方面取得了显著成效。就当前我国处于社会主义初级阶段的国情而言，工程监理制度仍有显著的现实意义，必须进一步坚持和完善工程监理制度。目前，行政管理体制改革在不断深化，监理制度改革也在不断完善，就已提出的改革目标和具体内容而言，我对建市[2014]92号文件和发改价格[2014]1573号文件理解如下：

1.对调整强制性监理工程范围的理解

首先，实行强制性监理是《建筑法》和原建设部第86号令明确规定的。在当时环境下实行强制性监理主要是为了推行建设工程监理制度的实施，实践证明，特有的历史背景和现实的客观环境是我国推行工程监理制度的重要动因。推行强制性监理对控制工程质量、投资、进度发挥了重要作用。

其次，强制性监理未能完成其历史使命。强制监理虽获得显著成效，但并未完成其历史使命：最初设计的全过程、全方位监理的功能和作用，大部分尚未实现；监理行业的实际状况远未达到预期目标，无论经济实力、管理水平、人才队伍、市场地位等，均无法满足监理市场的发展要求。从中暴露出强制监理的一些弊端：即行政力量过度干预了市场，对监理保驾护航，违背了市场固有的规律；正是这项强制性制度，助长了监理企业的依赖性，进而抑制了监理企业开拓市场的能力和创新发展的欲望。

再次，调整强制性监理范围是发挥市场作用的必然发展。2014年7月，住建部在出台的《关于推进建筑业发展和改革的若干意见》中明确提出："调整强制监理工程范围，选择部分地区开展试点，研究制定有能力的建设单位自主决策选择监理或其他管理模式的政策措施。"调整强制监理工程范围（也可理解为缩小强制性监理工程范围），是贯彻实施"市场在资源配置中起决定性作用"的重要方面，既有积极意义，也有负面影响。

所谓负面影响是说，强制性监理范围的调整，对于走过20多年发展历程、尚在稚嫩阶段的监理行业和一些无内动力的监理企业来说，将是巨大的挑战，会有相当一部分监理企业被市场淘汰、相当数量的从业人员面临重新流动或失业。强制性监理形成了事实上的"全覆盖"，一些监理企业难以继续在"吃政府饭"和"政策饭"，甚至出现无服务对象，经营收入大大减少的困境。

所谓积极意义是说，调整强制性监理范围，一些非国有项目将由顾主自主选择服务单位，这将使监理企业在更加公平的竞争中实现优胜劣汰。监理企业为了生存，就会自然而然地靠技术和管理进步来提高自身的市场竞争力，从而形成一个竞争性的现代市场体系。此外，调整强制性监理范围，将使施工阶段的监理为主的低端市场逐步缩小；处在活跃期、发展势头良好的中型企业，在巩固现有施工监理业务的同时，将把转型项目管理作为战略目标，通过收购其他小型企业、吸纳高端管理技术人才、扩大企业资质等方式，为进入高端市场创造条件。因此，作为监理企业，要看清大形势，多从客观大处看问题。从吃"政策保障饭"转移到"吃市场价值饭"，从吃"政府饭"转移到"吃顾主饭"。同时要建立社会化的企业无形资产和风险防范体系。

2.对放开监理服务收费标准的理解

7月10日，国家发改委下发《关于放开部分建设项目服务收费标准有关问题的通知》（发改价格[2014]1573号）。《通知》指出："放开除政府投资项目及政府委托服务以外的建设项目前期工作咨询、工程勘察设计、招标代理、工程监理等4项服务收费标准，实行市场调节价。实行市场调节价的专业服务收费，由委托双方依据服务成本、服务质量和市场供求状况等协商确定。"

放开具备竞争条件的商品和服务价格，是贯彻落实党的十八届三中全会精神和国务院部署要求，进一步推进简政放权，充分发挥市场配置资源的决定性作用，激发市场主体活力的具体举措。这次放开的专业服务收费项目大多为生产服务业，价格放开后，有利于专业服务机构依据市场竞争程度、供求状况，向服务对象提供更高质量、层次多样的服务，满足不同的消费需求；有利于服务对象综合考虑服务质量、价格等因素，选择服务机构。尽管这次放开的是非国有项目工程咨询费，但随着政府各项管理体制改革的进一步深入，工程监理及咨询业的市场化是必然趋势，未来“强制性”必然会被市场化所取代。监理行业将逐步放开监理服务收费标准，坚持“放开服务价格，由市场自主定价”的原则，提高监理企业的市场竞争力，形成监理服务的“优质优价”市场体系，这将对构建充满活力、优势互补的工程监理行业发展新格局、促进监理事业的持续健康发展有着重要意义。

3.对改革企业资质办法的理解

住建部在出台的《关于推进建筑业发展和改革的若干意见》中明确提出，要推进行政审批制度改革，坚持淡化工程建设企业资质、强化个人执业资格的方向，对现有企业资质管理制度进行相应的改革。这无疑是一项促进监理企业健康发展的重要举措。

由于监理行业的快速发展，加之监理企业门槛较低，进入市场的企业日益增多。一方面监理市场淘汰机制无力清出那些服务低劣的企业，导致监理企业良莠并存；另一方面，监理业务主要集中于施工阶段，更直接导致了监理市场的竞争加剧；进而又引发了低价竞争、无序竞争、恶性竞争，甚至暗箱操作等一系列不公平、不规范的做法，不利于“科学、公正、规范、严格”监理原则的贯彻执行。同时监理市场价格战的普遍存在，决定了监理企业的利润缩水；进而影响到监理人员培训投入和业务素质的提高。监理从业人员的素质低下，更难开拓新的业务领域，监理业务只能进一步向施工阶段集中；如此恶性循环愈发严重。

随着“市场在资源配置中起决定性作用”的贯彻实施，淡化企业资质、强化个人执业资格是改革方向。监理企业资质标准将进行重大改革，使监理企业在更加公平的竞争中实现优胜劣汰。监理企业在新的水平上为了生存，就会自然而然地靠技术和管理进步来提高自身的市场竞争力，从而形成一个竞争性的现代市场体系。但这种改革将是一个循序渐进的发展过程。

4.对改革执业资格考试制度的理解

高素质监理人才紧缺，现有人才队伍老化，人才资源配置不合理等，这是监理行业长期存在的窘迫状况。监理工程师的全国统一考试考制度和监理人才资源配置之间的弊端早已饱受业内人士质疑。同样是建设行业国家统一的执业资格考试，唯有注册监理工程师报考条件要求甚苛，且与行业实际脱节；监理工程师资格考试的通过率极低；监理工程师不分级，建设项目无论规模大小、技术简单复杂和功能区别，一律要求国家注册监理工程师担任总监理工程师，造成监理人员严重不足等问题。

十八届三中全会提出，“改革市场监管体系，严格市场监管，推进公平准入，规范市场执法”；要求“清理和废除妨碍全国统一市场和公平竞争的各种规定和做法，实行统一的市场准入制度”。改革注册监理工程师执业资格制度，有利于工程监理人才资源配置的不合理考试规则有望破除；依法建立强有力的市场约束机制,通过制定相应的资质、标准、从业人员资格的管理法规入手,提高行业素质和行业管理水平,建立公平、公开、透明、统一、合理的工程监理自由竞争市场准入制度，让监理工程师与其他工程技术人员从同一起跑线竞争。

二、对深化监理行业制度改革的政策建议

面对当前深化行政管理体制改革的发展趋势以及对监理行业发展的影响，监理行业应对的政策措施及建议是：

（一）坚定不移地坚持建设工程监理制度

建设工程监理制度和监理行业是中国特色，国际上没有独立的监理行业，但监造工作和咨询工作是始终贯彻在工程建设全过程中。因此，我

国的建设工程监理制度是国家根据工程建设大规模、快速度发展的需要而建立起来的，是我国政策开放的产物。近20年来，监理行业和企业对我国经济建设，保证工程质量安全，保障社会和公众利益做出了巨大的贡献，功绩显著，有目共睹。目前，我国仍然处在工程建设快速发展期，保证施工阶段工程质量仍是政府和社会关注的主要矛盾。因此，现阶段的监理制度只能加强，不能削弱，但在实现方式上可进行调整或改革。由政府直接管控，管理方式逐步调整到以政府和社会共同控制与管理的方式上来。

（二）进一步完善法律法规及标准体系

针对工程监理行业面临的突出问题以及新时期建筑业改革与发展要求，当前非常有必要通过修订和完善法律法规、推进工程监理的法制化、标准化建设，从而引导整个工程监理制度的改革与发展。

1.修改《建筑法》。《建筑法》自1998年3月1日起施行以来，就在业内就有不同的反响。一是对建筑业的界定范围很小。二是对建设单位的行为约束条款太少。三是分散管理重叠管理。当然制定和出台这部法律离不开当时的社会背景和经济发展。《建筑法》施行至今已经有16年了，随着形势的发展变化，有较多的地方不适应当前的实际。建议对《建筑法》进行适当修改。一是要增加建设单位的义务和法律责任，加大其承担相应责任的处罚力度；二是要给工程监理明确的定位；三是监理单位发现建设单位，施工单位违规、违法可以直接向建设行政主管部门反映。

2.适时制订《建设工程监理条例》。抓紧制定《建设工程监理条例》，对工程监理的定位和作用，行业监督管理体系，监理范围和内容，相关各方的职责和权利，监理工程师的职业责任，企业资质和执业人员管理，担保保险等制度等方面从法规层面给予重新梳理和准确界定，从而统一全国、地方和各行业对工程监理的认识，引导整个工程监理法规政策和标准体系的完善，推进工程监理制度可持续发展。

3.修订“三个部令”。一是修订86号部令，对于不实行强制性监理的建设项目要有一定的保证措施和监管体系，不能放任自流；二是修订147号部令，降低从业人员资格门槛，改革执业资格考试制度和注册办法；三是修订158号部令，调整不同等级资质标准，加强动态监管。

（三）调整强制监理工程范围的建议

调整强制监理工程范围，我们理解为缩小强制性监理工程范围。根据坚定不移地坚持工程监理制度的宗旨，强制性监理工程范围的缩小并不等于不强制监理的工程项目就不实施监理，而是改变另一种方式实施监理，譬如建设单位自身具有监理能力，建设单位还可以聘用监理工程师进行监理等方式。也可能有一些非强制性监理的建设项目，他照样聘请监理企业监理。强制性监理范围缩小，对建设工程监理来说，不留空白，不留死角，政府肯定会加强对非强制性监理项目的监管，而且会有一定的管理手段。

对于非强制性监理的建设项目加强监管是关键。这里担心的是政府有能力监管，但力量不足、鞭长莫及，例如，陕西省每年有1万多个在建项目，要全面检查仅靠各级质监站的人力是远远不够的。检查不到位，有些建设项目可能会逃避监理。所以，建议政府采取委托、采购或购买服务的方式对非强制性监理的建设项目进行检查。可以委托行业协会，选一批负责任的监理人员，按照政府的要求实地检查，对发现的问题交由政府处理。

（四）改革企业资质办法

目前监理市场的供求关系严重失衡，过度竞争造成了不良竞争甚至是恶性竞争，引发了一系列的市场混乱问题。根据《住房城乡建设部关于推进建筑业发展和改革的若干意见》（建市［2014］92号），必须采取有效措施，切实改革监理企业资质管理办法，建立严格的监理行业准入和清出制度。

1.加快研究修订工程监理企业资质标准和管理规定，完善部分资质类别设置，对业务范围相近的企业资质进行整合，合理设置资质标准条件，建议将现行的三级改为甲、乙两级，提高甲级资质标准、服务内容是项目管理和工程技术咨询服务，引导其和国际惯例接轨。乙级企业服务内容是施工阶段的监理，但要逐步实现差异化发展形成多层次、多领域知识密集型、智力密集型、服务密集型与劳动密集型，劳务密集型和现场监督型企业相结合，特点不同，能力互补的企业功能和类型结构。

2.简政放权，推进审批权限下放，改进审批方式，健全完善工程监理企业资质资格审查制度，乙级企业由省级建设行政主管部门审批，甲级企业省级初审后报部审批。

3.坚持淡化工程监理企业资质、强化个人执业资格的改革方向，探索从主要依靠资质管理等行政手段实施市场准入，逐步转变为充分发挥社会信用、工程担保、保险等市场机制作用以实现优胜劣汰的行业新模式。

（五）改革执业资格制度

为了解决工程监理队伍数量不足、素质不高的现状，亟待改革全国监理工程师执业资格制度，加强工程监理人才队伍建设。

1.改革全国监理工程师执业资格制度。建议有关部门尽快调整全国监理工程师执业资格报考条件和考试内容，出台《监理工程师执业资格考试办法》。监理工程师执业资格报考条件可参照建造师、造价工程师等执业资格报考条件，分不同学历设置工作年限要求，如对工程技术类或工程经济类专业大学本科毕业生而言，从事工程设计、施工、监理或项目管理相关业务工作满4年后即可报考监理工程师执业资格，而不再有专业技术职务的限制。

考虑到各类执业资格人员之间的融通，并能够吸引更多优秀人才进入工程监理行业，对于取得一级注册建筑师、注册工程师、一级注册建造师、注册设备监理工程师、注册造价工程师等执业资格或工程技术、工程经济类高级专业技术职务的人员，从事工程设计、施工、监理或项目管理等相关业务超过一定年限的，可免试监理工程师执业资格考试的部分科目。此外，对于各地、各部门取得有关部门颁发的总监理工程师、监理工程师资格证书的人员，可通过考核认定其全国监理工程师执业资格。

建议将监理工程师的管理权限交给行业协会，统一由中国建设监理协会管理，省协会配合，最大限度地满足工程建设需要，各省可以根据自己的需要培训、考试，中建监协审查发证，省级监理工程师持证人员应超过实际需要的50%左右，可以挑选使用，坚决杜绝现行的证件挂靠，要使监理工程师实实在在地现场服务。

2.完善工程监理人才培养体系。根据工程监理人才队伍的实际情况，建立和完善多渠道、多层次和多种形式的人才培养教育体系，深入开展经济、法律、管理、专业知识与技能、职业道德教育。要鼓励工程监理企业建立以执业能力为基础、以工作业绩为重点、以奖优惩劣为手段的绩效考核机制，完善激励约束机制，调动人才积极性。要加强与国外工程咨询企业交流与合作，学习借鉴国外各类先进管理理念、方法和技术，不断提高工程监理人员的业务素质和执业能力。

（六）推进监理企业专业化和转型发展

以提升企业竞争力为基础，推进工程监理企业向专业化和转型发展，形成差异化竞争优势，以促进工程监理企业健康发展，并优化工程监理行业结构。

1.提升工程监理企业核心竞争力。企业核心竞争力是企业生存和发展的动力和源泉，工程监理企业可从以下六个方面提升核心竞争力。一是重视企业文化建设；二是提升企业战略管理能力；三是提升工程监理企业创新能力；四是提升企业市场营销能力；五是加强工程监理企业人力资源管理；六是加强工程监理企业知识管理。

2.推进工程监理企业专业化发展。专业化发展要求工程监理企业在做大做强的同时，根据细分市场的需求，“做专、做精、做特、做新”，包括开展“深度”的专项监理、提供以BIM技术应用为核心的新型信息化监理、提供多种方式的专项咨询以及提供既有建筑改造工程监理等。

3.推进工程监理企业转型发展。工程监理企业的转型发展，要求工程监理企业“做大、做强、做新”，包括向项目管理企业转型、向集成型企业转型以及开展EPC管理业务等方面。

（七）加强诚信体系建设

诚信体系是市场机制形成的保障，也是市场成熟的表现。诚信体系建设是全行业的系统工程，监理的诚信体系建设与工程建设全行业的诚信体系建设密不可分。从业主角度来看，只有在完善的诚信体系下，业主才能对工程监理企业有足够的信任，从而给予工程监理（企业）单位以充分的权力，发挥其在工程管理和工程咨询方面的专业特长。从施工单位角度看，在诚信体系完备的环境下，不规范不守法的监理行为将更容易受到制约，使守法、诚信的工程监理企业和监理人员得到社会和业主的认可，提高监理服务价值。在通过建立诚信体系健全对于监理行为的监管中，还要处理好政府监管和社会监督的关系，应逐步建立和完善工程担保和保险制度，发挥市场在资源配置过程中的决定性作用。

1.完善信用信息平台。搭建和完善工程监理（企业）单位和监理从业人员信用信息平台；完善工程监理单位和监理从业人员信用评价体系等。

2.建立诚信体系。政府牵头、协会作具体工作，建立诚信体系，将政府、行业协会对监理企业、监理从业人员监督检查的正、反方面的情况，随时上平台公开，并建立诚信体系档案，供聘用单位查阅。

（八）发挥行业协会作用

行业协会是政府部门的参谋和助手，同时又是政府部门与工程监理企业、监理工程师之间沟通的桥梁和纽带。在政府职能转变、市场将在社会资源配置中起决定作用的大背景下，行业协会必须充分发挥作用，承担起引领工程监理行业健康发展的历史责任。

1.加强行业调查和理论研究。行业协会要深入调查行业现状，开展工程监理与项目管理的理论研究工作，积极探讨行业重点、热点问题和亟待解决的紧迫问题，为政府有关部门制定法规政策、行业发展规划及标准提供依据和支持，推动工程监理行业发展环境的不断完善，引领工程监理行业沿着正确的方向发展。

2.及时向政府管理部门反映行业诉求。监理行业历经25年多的发展，取得了很大成绩，同时也存在许多问题，这些问题有的是执业环境的问题，有的是企业自身无法解决的问题。行业协会作为政府与工程监理企业的桥梁，要代表行业向政府管理部门反映工程监理企业的困难和问题，寻求政府管理部门的支持，通过完善相关法律法规，创造有利于工程监理企业发展和监理人员发挥作用的执业环境。

3.健全行业自律机制。行业协会要健全行业自律机制，研究制定工程监理企业、注册监理工程师信用评价标准，推动建立工程监理信用信息平台建设，充分利用信用信息平台，实施行业自律，落实失信惩戒机制，为推动建筑市场诚信体系建设发挥重要作用。

4.加强行业协调管理、建立诚信体系。由于各种原因的影响，近年来工程监理高端人才流失严重。要提升行业公信力和行业形象，必须从提高工程监理人员整体素质做起。行业协会应组织专门力量，在现有法律法规及标准的框架下，针对不同专业工程制定监理工作标准，通过内部约束机制，要求工程监理（企业）单位加大工程监理人员的培训力度，逐步改善工程监理人员的年龄结构和人才结构，使工程监理人才队伍与工程监理职责相适应，发挥工程监理人员应有的作用，充分体现工程监理行业价值。

5.搭建交流平台。行业协会要积极搭建政府与企业之间、工程监理企业之间、工程监理企业与注册监理工程师之间、注册监理工程师之间的交流平台，培育和完善行业文化；积极搭建国内外企业交流平台，促进学习型组织的建立，促进国内外企业间的交流与合作，引导工程监理单位跟随国内对外投资走出省门、国门，推动大型工程监理企业的国际化进程。

行政管理体制改革对监理行业发展的影响和对策研究工业部门分报告（中）

二、工业项目建设监理发展的现状

（一）工业项目建设监理相关法律法规

自从实行工程监理制度以来，国家、住建部及工业建设行政主管部门颁布了一系列相关的法律法规、规章和规范性文件，针对性、专业性很强，对工业建设项目的管理，工程建设监理制度的推行，规范管理监理市场和监理服务，发挥了极其重要的作用。但随着国家政治体制改革，部分工业建设行政主管部门撤销改制，很多针对性、专业性很强的规章和规范性文件失去了效用。虽然部分工业行业协会经过多年努力编制了一部分，但规范性文件的修订和完善工作量很大。现将国家及工业建设行政主管部门颁发的有关法律法规、规章和规范性文件初步梳理（见下页表）。

（二）工业建设监理行业现状

1.工业建设监理的行业管理

我国的水电、交通及其他工业部门在全国建设领域内率先试行、推行工程监理制。最初，工业部门监理协会（监理委员会或分会）属国务院原各工业建设主管部门管理，承担着各工业部门的专业工程建设监理管理的具体工作。随着国家政治体制改革逐步深入，工业部门的行政管理体制发生了较大的变化，原有多数工业部门的行政管理部门进行了撤销或合并，将部分行业的管理职能或业务由相应的专业行业协会承担。目前工业部门的负责监理工作的行业协会共20家，受行政体制改革的影响，工业部门的行业协会的归属各不相同，尤其是工业行业建设管理机构体制不一样的情况下，部分行业协会依然属相应的政府行政管理部门直接领导分管，但多数的工业行业协会（监理）已脱离了相应专业的政府行政主管部门，成为独立法人的社会团体，或成为中国建设监理协会的分会；由于工程监理属于建设的一部分，所以部分行业的监理管理工作归属在相应行业的建设协会。

由于工业行业开展监理工作均比较早，各自的管理体系相对较为健全。多年来工业行业负责监理工作的部门与中国建设监理协会协同配合，组织编写各自工业行业的监理规范等标准文件，组织交流工作经验，承担着企业与政府、企业与行业协会之间的桥梁纽带作用，开展市场调研，规范会员单位的市场行为，为会员企业和建设项目管理单位提供相关的技术咨询服务，促进了工业项目监理行业工作的开展。

此外，隶属于相关部委领导的行业协会（建设协会），承担着工业建设行政主管部门委托的监理工程师资质管理工作。

2.监理企业概况

据2012年统计资料：工业部门监理企业共1047家，占全国总数的15.9%，其中综合级资质

序号	颁发部门	文件名称	发布文号	颁发日期	实施日期
1	全国人民代表大会常务委员会	建筑法	中华人民共和国主席令第91号	1997—11—1	1998—3—1
2	全国人民代表大会常务委员会	招标投标法	中华人民共和国主席令9届第21号	1999—8—30	2000—1—1
3	国务院	建设工程质量管理条例	国务院令第279号	2000—1—10	2000—1—10
4	国务院	建设工程安全生产管理条例	国务院令第393号	2003—11—24	2004—2—1
5	国务院	铁路安全管理条例	国务院令第393号	2013—8—17	2014—1—1
6	全国人民代表大会常务委员会	公路法	第19号主席令	2004—8—28	2004—8—28
7	全国人民代表大会常务委员会	水法	第74号主席令	2002—8—29	2002—10—1
8	全国人民代表大会常务委员会	电力法	第60号主席令	1995—12—28	1996—4—1
9	全国人民代表大会常务委员会	煤炭法	第45号主席令	1996—8—29	2013—8—19修订
10	交通运输部	公路水运工程监理企业资质管理规定	2014年第7号部令	2014—4—4	2014—4—9
11	水利部	水利工程建设监理单位资质管理办法	第40号部令	2010—5—14修订	2010—5—14
12	铁道部	关于铁路建设施工监理收费有关问题的通知	铁建设[2009]79号		
13	铁道部	铁路建设项目监理招标示范文件	铁建设[2009]182号		
14	住建部	工程建设监理规范			
15	铁道部	铁路工程建设监理规范	TB 10402—2007	2007—7—17	2007—7—1
16	交通部	水运工程施工监理规范	JTJ 216—2000	2000—12—8	2001—4—1
17	交通部	公路工程施工监理规范	JTGG 10—2006	2006—11—2	2007—1—1
18	水利部	水利工程建设监理规定	水利部令第28号	2006—12—18	2007—2—1
19	水利部	水利工程建设项目施工监理规范	SL 288—2003	2003—10—1	2004—1—1
20	工业和信息化部	通信建设工程监理管理规定	信部规〔2007〕168号	2007—3—23	2007—5—1
21	住建部、质检总局联合发布	核电厂建设工程监理规范	GBT 50522—2009	2009—11—30	2010—4—1
22	国家能源局	电力建设工程监理规范	DL/T 5434—2009	2009—7—22	2009—12—1
23	国家能源局	水电水利工程施工监理规范	DL/T 5111—2012	2012—8—2	2012—12—1
24	国家能源局	煤炭建设工程监理与项目管理规范	NB/T 51014—21014	2014—3—18	2014—8—1
25	国家能源局	煤炭地质工程监理规范	NB/T 51009—2013	2013—11—28	2014—4—1
26	国家能源局	煤炭设备工程监理规范	NB/T 51015—21014	2014—3—18	2014—8—1
27	国家发展和改革委员会	石油化工建设工程项目监理规范	SH/T 3903—2004	2004—10—20	2005—4—1

企业占66.3%。为了完成本次课题研究，课题组向20个工业行业监理协会（分会／委员会）发放了调查问卷，收到了15个协会（分会／委员会）2713家家企业的积极反馈，其中包括水利部和交通部所属监理企业共2176家。

鉴于水利部和交通运输部所属监理企业的特殊性，故根据其余企业反馈的数据分析，537家监理企业中，股份制和民营企业仅占为23%，综合级资质占11%，甲级资质企业68%，从业人员总数23.56万人，注册监理工程师2.73万人，占从业人数的11.6%，2013年度营业总收入534.4亿元，本行业的监理业务收入142.5亿元，占营业收入26.7%。

（1）企业资质状况

国家行政管理体制改革使原有工业建设行政管理体系发生了较大的变化，但因工业建设项目的技术和管理特点，在建设监理行业管理上仍保持了部分原有的条块管理体系，且大部分单项合同工程的监理范围中往往涵盖了本行业及房屋建筑工程、电力工程、市政公用工程、机电安装工程、水利工程（水保）、交通、设备监造等行业。工业部门监理企业在持有住建部颁发资质的同时，还必须持有国务院其他主管部门颁发的监理企业资质，如质检总局颁发的设备监理、水利部颁发的水利（水保）工程监理、环保部门核发的环境监理等资质。

工业部门中多数甲级以上监理企业源自设计院和科研机构，借助其母体的技术综合优势的，率先完成转型、调整结构，拓宽业务范围，向施工监理的两头延伸，向其他工程专业拓展，成为能够提供项目策划、融资、建设管理、施工监理等服务的大型技术咨询企业。

经过了二十多年的监理实践和市场竞争，工业部门的监理企业中有相当一部分较弱小的企业已经自行注销或者转行，而更多的企业不断发展壮大，成为监理行业的佼佼者。2012年的统计公报说明：监理企业收入全国前百名企业中，工业部门监理企业占据52席位。

（2）监理人员资格

目前工业监理咨询行业监理工程师持有证书情况也基本形成市场化的模式，持证资格证书包括注册与行业自律管理两种方式的管理。其中行政许可审批的注册监理工程师部门有：住建部、环保、交通、水利、工信等部门，并颁发证书；通过行业自律管理方式颁发的监理工程师证书有质监总局、铁道、电力、冶金等，持有这些证书在招投标中和监理岗位执业中均发挥重要的作用，为我国工业建设做出了很大贡献。此外，还有很多持有原各工业部委的注册监理工程师证的人员，依然在工业建设项目中从事监理工作，发挥着重要的作用。

3.取费状况

工业行业工程项目的监理取费有自身的特点。大型工业建设项目的投资额大，但是设备采购费所占的比例较高，特别是随着工业技术进步和发展，设备采购费的增速高于建安费的增速，监理服务取费计费额过低；由于工业建设项目的管理模式和技术复杂性的因素，加之工业建设项目一般远离中心城市，进出场费用、后方支持等成本费用投入较高，造成了工业建设项目监理取费标准过低；工业部门的监理工程师不能按照《建设工程监理规范》中的规定，身兼数个项目的监理工作，形成了监理工作实际收入水平较低。

此外，由于政府部门对工业建设项目监理市场行为无后期监管，造成市场竞争价格混乱，违背了市场经济的运行规则，使得监理人员的收入差距加大。

（三）各工业部门的监理服务范围

1.工业建设项目的监理特点

工业建设项目是我国国民经济投资发展的重要领域，关系到国计民生和国家的经济命脉。工程建设领域是我国工程建设的重要组成部分，尤其是电力、交通、铁路、水利、石油化工、煤炭、冶金、核工业等行业，更是国家的经济命脉，是国民经济发展的基本构架，都属于国家支柱型产业。其建设项目具有投资大、开发建设规模大、专业技术性强、建设环境复杂等特点，是资金密集型、技术密集型、人才密集型的行业。工业建设项目的质量安全直接关系到国家安全、公共安全、公民人身财产安全，需要工业建设监理行业为其提供质量安全保障。工业建设监理在工程建设中是不可缺少的重要一方，为工程质量安全起到保驾护航的作用，为工程投资造价起到监督控制作用。工业部门的工程监理具有以下特点：

（1）工业建设项目建设规模较大，专业性强，技术复杂。建设施工技术必须适应工业生产工艺的进步，在国民经济建设中占有较大的份额，对GDP的增长贡献较大。还有部分企业担负国家军事建设的重任，具有很强的政治性，更有一些系为涉密项目，往往处于高保密状态，一般的监理企业很难承接类似的工程建设监理。

（2）工业建设项目分布地域广，工期较长。多数项目的地理位置较为偏僻边远，交通不便，建设条件比较艰苦，工作生活条件较差，对监理人员素质的要求较高，人工成本较高，企业的服务成本支出大。

（3）项目建设的自然环境和社会环境均较复杂。建设过程中的任何差错都会产生不可预测的后果，危及国家安全，并严重影响企业生产的正常秩序，相比内地、城镇附近的其他行业项目具有更高的挑战性。监理企业的社会责任在监理服务范围占有较大的比例。

2.工业建设项目的监理服务范围

随着我国投资项目建设项目管理体制改革，项目业主负责制、招标投标制和建设监理制的逐步推进，项目管理的模式形成了多样化。工业监理咨询行业经过20多年的实践、发展壮大的同时，随着建设投资体制的改革，在开展服务模式上也在出现变化，多数工业监理咨询企业以监理服务为主，而部分有实力、服务质量好的监理企业已进入了项目管理的行业。

部分专业特点较为突出的部门，推行“小业主大监理”的模式，监理招标先于施工招标，监理企业先于施工单位进场，监理服务范围包括施工招标阶段、施工阶段和竣工验收阶段，参加提供施工招标文件审定和招标，负责施工阶段的设计审查、采购、施工质量、安全、进度、投资（支付）控制，合同管理，竣工验收及竣工结算；也有只负责施工阶段质量安全控制管理。

（四）监理服务在工程建设管理中的作用

1.建设监理改善了我国投资环境和市场机制

改革开放以来，大型水电、交通等工业工程建设项目引进国外资金，应世行等贷款机构和投资者的要求，率先采用了“业主—‘工程师’（即建设监理）—承包商”的建设管理模式，创造了工期、劳动生产率、工程质量和投资效益的国内新纪录，得到了世行等贷款机构的赞赏，并在第三世界推广中国特色的管理经验。在工程建设中实施建设监理将封闭型的自营制项目管理方式，向开放型、社会化、专业化项目管理制度转化，形成新的工程建设管理体制，有利于项目建设的投资效益，满足了投资者对工程技术服务的社会需求，有利于建立新的建设市场机制。

2.建设监理推进了建设管理目标的实现

由于传统的建设工程管理体制的种种弊端，在许多工程中长期存在着三大目标失控，导致我国的工程建设水平和投资效益长期得不到应有的提高，在投资与效益之间存在着比较大的差距。自从20世纪80年代末期推行新的建设工程管理体制以来，在建设初期，建设单位以合同形式确立了建设单位与设计、监理、施工等参建方之间的关系，明确各方在建设管理过程中各自应承担的责、权、利，监理工程师依据监理委托合同的授权，在项目现场负责建设项目实施阶段的组织管理，以合同管理为中心，协调各参建方共同合作，对施工质量、工期、投资进行及时有效的控制，促使合同双方顺利履约，推进了建设项目总目标的实现。

3.建设监理提高了工程质量减少了安全事故

大型工业工程建设大都是关系国计民生的重大工程，对工程的质量要求高，工程质量直接影响着工业建设项目投产后的生产制造能力，交通运行安全畅通，能源供应稳定可靠，国防安全的保障等等。监理企业认真履行监理职责，严把质量关，成为工程质量的卫士，确保了工程质量；监理企业准确理解贯彻设计意图，协调施工方共商施工工艺，控制工艺流程，精细施工，以优良的工程质量实现建设项目的生产运行功能目标；监理企业严格执行国家有关安全法律法规，实行现场安全预防预控，杜绝重大安全事故的发生，成为工程安全的守护者，减少了安全责任事故。

4.监理工作推动了工业技术和工程技术进步

工业技术的进步，科学技术的发展，为工业建设工程提出了新的挑战。新能源的建设开发推动了核电、水电、风电、太阳能项目建设；高速交通的建设开发推动了高铁、高速公路设施建设；绿色能源革命改变了传统的矿山建设、火电、冶金、化工、石油的建筑特色；新设备、新工艺提出新的建筑工艺要求，工业建设领域中涌现了一批世界第一和世界级的项目，高速铁路，世界上海拔最高的高速公路、铁路，世界第一高坝、世界最长输水隧洞、世界最长超高压输电线路等等。

工业建设监理企业施工前研究、理解设计意图，开展设计监理，审查施工组织设计，监控现场施工工艺试验；在施工过程中，监理方与承建方共同协作，严控施工工艺，及时发现问题，共同研究对策，克服困难，精细施工，准确安装，确保实现建设项目的投产运行，保证工程投资的最佳效益。建设监理促进了工业建设项目的成功建设，推动了工业技术和工程技术的进步。

（五）工业建设监理存在的问题

工业行业监理企业作为工程建设重要的一方，在工程建设中发挥重要作用的同时，也面临着各种问题，诸如法规不完善、法律体系对建设单位的约束太弱、多种资质并存管理、招标不规范、低价恶性竞争，取费标准过低，影响了监理企业的进一步发展。

1.条块分割、地方保护阻碍监理企业的发展

工业建设项目分布全国各地，建设单位按照《招投标法》是面向全国招标，因此，工业部门监理企业必须跨地区开展业务活动。但是，监理企业在不同的省区、市县必须按照当地政府的管理规定，办理备案登记，甚至要设立分公司方能投标，这类繁杂的手续严重制约了企业的正常经营。有些企业因不能及时备案登记或办理设立分公司的手续而丧失投标机会。

企业资质是目前进入市场的唯一门槛。不同的行政主管部门控制着不同专业的监理企业资质。工业监理企业为承接和完成工业建设项目监理就必须获取足够类别的监理企业资质。每个监理企业必须斥巨资设专职人员常年负责申办、维护企业资质和个人资质。这种因行政管理而造成的条块分割成为监理企业经营发展的严重障碍。

2.政府监管职能没有得到充分体现

在行业发展初期、市场不成熟的情况下，政府部门设立监理企业资质、个人资格的审批制度，体现了政府在市场活动中代替市场行使职能，是推进行业发展的重要举措，但毕竟是一种过渡性的措施。随着市场经济体制的逐步成熟与完善，市场经济的作用大于政府的行政管理作用，政府的监管职能已不能通过监理企业资质、个人资格的审批实现。所以，市场的成熟意味着政府要从微观领域逐步退出。

行政主管部门审批监理企业资质，还应该加强过程和时候的监督管理。但实际的管理状况是监理企业一旦取得企业资质，就脱离了政府监管的视线；突出的现象是：一是资质挂靠、个人资格证书买卖、采取不正当手段恶性竞争等行为，政府部门没有采取有效措施，整顿行业的不正之风，而导致监理市场的混乱；二是在工程安全责任方面，监理在工作中遇到责任权利不对等以及缺乏执行力等问题，政府管理部门没有采取具有实际有效的办法，督促监理企业提高和加强管理；三是监理取费标准的实施中，尽管有《价格法》、《反不当竞争法》、《招投标法》等法律以及监理取费政府指导价，在招投标过程中，存在低价中标、“阴阳合同”等现象，工程建设行政主管部门没有履行职责，通过法律的手段来监管市场，而仅仅是将主要精力集中放在行政审批上，致使国家的法律无法建立其应有的权威。

3.监理企业资质与市场需求不匹配

建设领域涉及面广、专业性强，经行政审批

的监理企业资质中设定的经营范围无法满足多元化投资主体的需求，不能充分体现监理企业的实际能力和管理与服务水平。

投资主体多元化是伴随着我国在经济快速发展而产生的。多元化的投资主体在基础设施建设管理中遇到的问题主要是：投资主体对所投资行业建设的工程建设方面认识不足，自身缺乏相应的专业技术和管理人才，因此在建设期间，无论是自行管理，还是通过采购服务方式选择监理企业，监理企业的资质是唯一的识别标准。但住建部将行政审批的监理企业资质营业范围划分为14个类别，不能充分反映监理企业的专业特长与能力，使得投资主体对监理企业的专业能力认定较为困惑，只能通过相关的工业管理部门进行了解。所以，行政审批的监理企业资质与实际市场需求不匹配。以工业部门为例：各工业部门自身涉及专业很多，有的专业之间差异与安全风险较大，投资主体在选择监理企业时较慎重，将行政审批的监理企业资质仅作为选择监理企业的一个因素。监理工作虽然是一项管理工作，但也是技术服务性工作，离开专业技术的支持就无法提供与实际市场需要相适应的专业化服务。

4.注册监理工程师数量与市场不匹配

目前全国从事监理工作的人员数量约82万人，通过注册监理工程师资格考试的人员数量约为15万人，注册监理工程师人员数量约为12万人，实际从事监理工作的人员数量约为7万人，注册监理工程师人员数量与实际需求差距较大。

注册监理工程师制度的建立是适应我国监理行业发展的产物，注册监理工程师人员数量与市场不匹配，影响因素是多方面的。主要体现在：一是注册监理工程师的注册专业设置与监理企业资质的范围相对应，但与注册人所学或所从事的专业方面存在差异；二是我国教育体制设置的专业颇多，注册监理工程师在注册考试时没有针对专业能力进行考试，注册专业是根据企业申报，按照所学或职称相近专业而确定，没有从事专业的能力考核标准；三是企业对于行政审批的注册监理工程师人员数量的确定，主要以满足建设行政审批监理企业资质的需要为标准，并未从实际工作需要人员数量方面督促从业人员参加考试；四是多数未取得注册监理工程师资格的从业人员是正常从事监理工作；五是一些注册监理工程师在取得注册资格后，并未从事相应的工作，而是以寻租的方式迎合企业急于获得行政审批资质的需要。以工业部门为例：经统计注册监理工程师人员数量仅占行业从业人员数量不足20%，其余从业人员80%已经进入了社会化管理，这80%从业人员中的60%的人员是通过专业部门进行管理，40%是通过社会化（地方）进行管理，这样就使得行政审批的注册监理工程师制度受到挑战。

5.监理工作的合同责任难以兑现

参建各方的合同责任在合同文件中均有较明确的约定，但是在实际执行过程中，有些业主无视合同文件的存在，依据其经营管理的需要，随意向监理方提出各种要求，甚至越俎代庖替代监理履行职责，颠覆了委托与被委托的关系，造成国家法律法规、合同赋予监理的权力和责任大打折扣，进而直接影响到监理工作的积极性、主动性和责任心，难以兑现监理应承担的合同责任。由于业主的大包大揽，承包商履行法律责任行为不规范，加之施工单位“三检制”执行不到位，现场监理工程师逐渐沦为施工单位的施工员和质检员，没有发挥出应有的作用，项目监理质量控制管理能力普遍缺失。

鉴于大型国企的重组改革，一些监理企业与设计、施工企业同属某个建设集团公司，当这些企业参加同一工程项目建设时，有碍于其发挥独立、公正的监理作用。

6.监理服务报酬难以维持正常的监理业务

政府部门出台的政府指导价的初衷是推动监理行业的规范发展，在初期确实起到了一定的作用。但随着市场化程度的提高，投资主体与监理企业体制构成影响着企业成本的构成等诸多因素，以及市场运作不规范，参与建设的各方均从自身利益出发，相继压低价格，政府的监管职能没有体现，任随市场自由发展。同时，建设各阶段的行为不规范，由此带来的监理的价值无法实现，行业发展前景不容乐观。

工业建设项目的管理特点和技术要求，建设单位在建设项目管理过程中对监理企业的倚重程度较高，要求监理企业的投入较大，监理人员的配备必须满足合同管理、质量控制、安全监督，甚至是重大施工技术难题的解决等合同任务需要。因此，人力资源、进出场费用、后方技术支持、生活交通等各项成本均非常高，按670号文的标准取费难以维持现场监理工作的正常进行，只能靠监理企业在企业内部不同的项目上进行平衡，维持发展。

三、国家行政管理体制改革对监理行业发展的影响

（一）对工业工程项目建设监理未来发展的影响

1.投资体制改革对监理行业发展的影响

“深化投资体制改革，确立企业投资主体地位。企业投资项目，除关系国家安全和生态安全、涉及全国重大生产力布局、战略性资源开发和重大公共利益等项目外，一律由企业依法依规自主决策，政府不再审批。”投资体制的多元化将对建设工程管理体制产生深刻的影响，特别是会对监理行业产生重大影响。

以可能最小的投资获取可能最大的效益是投资方的经营战略和原则，精细管理则是获取投资效益的根本保证和措施。因此，建设工程管理体制和监理行业必将随着建设工程投资体制做出相应的调整和变革。工程项目参建方是多种结构组成的，不再仅仅是传统的建设、设计、监理、施工和重大设备供应方组成，可能会出现只有投资方和项目建设总承包方，或者是投资方、项目管理方和施工承包方，等形式，完全由投资方的需求确定。

多元化投资体制的改革将进一步放松对民间资本、国外资本进入营利性项目和基础设施项目的限制，减少对这些民营、外商投资的工业建设项目的行政审批程序，强调谁投资、谁受益、谁承担风险。投资方对建设项目管理的需求决定着监理行业的定性与定位，监理行业会向承担建设项目管理任务的发展，监理工程师可能会成为项目管理方的成员，也有可能成为投资方的雇员，直接对投资方负责，监理的业务范围、责任和权力随之发生重大的变化。

在国家投资占绝对主体地位的项目中，建设监理的定位依然是提高政府投资项目的建设管理水平、建设工程质量、施工安全监督和项目投资效益。

2.市场化改革对监理行业发展的影响

监理制度根据我国国情建立特有的制度，对保证工程质量安全是十分重要，并通过20余年的实践证明，尽管与国际同行惯例存在较大差异，体制上的建立是符合我国建设领域发展的需要，尤其是制度设立初期加入更多的政府因素是有利于体制的建立，但发展到一定时期，就要为了规范政府行政行为、提高行政效能、加强廉政建设、改善政府形象，不断弱化政府对企业和市场的过度直接干预，切实转变政府职能，适应发展的需要，体制发展中存在的问题是正常的。

3.行政审批制度的改变对监理行业发展的影响

行政管理体制改革中的最为重要的内容之一是行政审批制度的改革。“坚持淡化工程建设企业资质、强化个人执业资格的改革方向，探索从主要依靠资质管理等行政手段实施市场准入，逐步转变为充分发挥社会信用、工程担保、保险等市场机制的作用，实现市场优胜劣汰。”政府审批的监理企业资质是否保留，这是长期颁发证书的行政主管部门和监理企业都必须面对的问题。

（1）政府行政主管部门应该按照国务院改革发展的精神，严格控制行政许可，加强建设项目的市场监管，强化项目法人责任制。由项目法人依据市场经济规律对项目的策划、资金筹措、建设实施与管理、生产经营、债务偿还和资产的保值增值，实行全过程负责。建设行政主管部门转变管理方式，加强对市场主体的宏观指导，尤其在市场的导向（包括国内、国外）的建设领域。

（2）监理企业应严格遵守国家相关法规的要求，从依靠企业资质承揽业务转向靠信誉赢得市场。同时，也会通过市场的自我净化，优胜劣汰，也给具有潜能的监理企业更大的发展空间。取消企

业执业资质对行业本身的影响有限，对成熟的监理企业不会产生颠覆性的影响。

若取消了企业资质，或企业资质不再与注册人员数量挂钩，那么现有的个人注册证书挂靠、买卖的现象将会消除，监理企业也不用再采取各种手段、投入大量的财力来维系注册人员的数量，必将人力资源培养和储备工作的重点转移到提高人员素质从业水平训练上，真正提高企业的核心竞争力。

（3）若取消企业执业资质，将会引发监理行业市场选择思维的改变，建设投资方将会把评价监理企业的目光从企业资质、企业业绩转向服务团队的能力和业绩、服务人员的从业水平和经验上来，将会逐渐形成一个服务能力与质量看团队能力评价，管理水平看企业能力评价，信用能力看企业诚信评价的市场选择模式。

（二）对工程监理行业定位与工程监理制度的影响

引进世行、亚行贷款及海外资金开展大型基础设施建设，改变了自建、自管的工程建设管理模式，建立了以合同管理为核心的"工程师"咨询服务，建设管理向社会化、专业化、现代化方向发展，催生了工程监理制度。

建设管理体制的改革推动了经济建设的大发展，减少了外资对大型基础设施建设项目的投入。因此，与世行、亚行等国际金融机构的建设管理需求相比，投资方对建设监理的需求发生了很大变化，监理行业不仅承担着建设方赋予的责任（包括合同约定的责任和业主随机指定的责任），还承担着政府部门赋予的社会责任，监理服务的核心内容逐步演变为施工阶段的质量、安全管理。

（三）对行业法律法规体系的影响

健全社会主义市场经济体制，完善现代市场体系，必须有行业法律法规体系保障。建设管理体制改革，调整强制监理范围和强制招标的工程范围和规模标准，加强建设市场监管，淡化工程建设企业资质、强化个人执业资格等系列措施需要依法进行。法律法规体系必将随之调整，指导和保证改革的顺利进行。

作为专业性强、规模大的工业基础建设领域，投资主体将向多元化进展，导致建设项目类型多元化，企业经济类型多样化，国有企业资产、经营范围重组，现行的法律法规体系已经出现了很多不适宜的内容，通用的法律法规与针对工业部门的法规相悖的现象，必须进行适当的调整和修订。建设投资方（项目法人）没有严格按照《招标投标法》、《招标投标法实施条例》和《评标委员会和评标方法暂行规定》等相关法律法规进行招标工作。

（四）对工程监理市场体系与结构及市场管理制度的影响

《决定》指出，"建设统一开放、竞争有序的市场体系，是使市场在资源配置中起决定性作用的基础。必须加快形成企业自主经营、公平竞争，消费者自由选择、自主消费，商品和要素自由流动、平等交换的现代市场体系，着力清除市场壁垒，提高资源配置效率和公平性。"

政府行政管理体制改革本身是一项与政治体制改革和经济体制改革都密切相关的系统工程，而政府管理职能的转变与正确定位则是政府行政管理体制改革的核心内容。以市场为取向的经济体制改革的推进，使政府职能由行政管理型、经济建设型逐步向公共服务型转变。

（五）对工程监理企业地位与发展战略的影响

国有企业资产重组、拓宽经营范围，做大做强，整合优良资源，集设计、施工、监理咨询为一体，向项目总承包企业发展。工程监理业务在大型企业集团营业收入的份额仅占很少一部分，在集团内部的地位不高，类似的改革会对监理企业在集团内部的地位和自身发展战略、远景规划产生很大的影响。

在众多的监理企业队伍中，工业部门的监理企业所占的比例不大，但由于这些监理企业大多产生于原工业部委下属的设计科研机构，企业的素质、专业和管理水平均为各工业领域中的优秀企业。建设市场管理体制的改革会推进这些企业向更高端发展，向工程项目管理和其他领域拓展。而少部分监理企业会面临着经营上的暂时困难。

（未完待续）

面对监理行业改革与转型的思考

江苏安厦工程项目管理有限公司　翟春安

摘　要　本文针对当前对取消强制监理的社会议论，回顾和反思了监理制度设计、运行中存在的主客观问题与状况，逆向思考不再强制监理状态下的监理地位，揭示了当前监理陷入困境的核心问题是“监理定位”。本文也对监理拓展更广领域的咨询服务进行了畅想，引导监理企业坚持事业理想，拥抱坚持梦想，坚定监理发展信心。

关键词　监理　改革转型　思考

2014年注定会是监理行业的历史记载年：年初，国家有关部委有意改革强制监理制度，鼓励上海、广东、江苏等经济发达地区试点缩小强制监理范围，同时将对民营投资的房地产工程项目取消强制监理制度。3月12日，广东省深圳市住房和城乡建设局也发出了改革强制监理制度的信号，将全部取消社会工程的强制监理，并逐步扩大到政府投资的工程中去。5月份的全国建设工作合肥会议点燃了我国建设领域的再次改革之火，国家住建部接着又出台了关于推进建筑业发展和改革的若干意见的(建市[2014]92号)文，大力推进建筑业全面深化改革步伐。这一系列刺激或利好的消息不得不让我们面对监理行业改革与转型作出深深的思考。

思考一：监理制度设计与发展过程蕴藏或缺失了什么？

工程监理制度是我国根据工程建设项目管理体制改革的需要，借鉴世界先进的工程管理经验，并结合国情所建立的有关建设工程项目管理的基本制度之一。这项行之有效的建设工程管理制度，虽然在世界发达国家已有上百年的历史，但在我国推行，仅走过20多年的历程。它自1988年试点起步开始，于1996年在建设领域全面推行至今，都说她已取得了明显的社会效益和经济效益，促进了我国工程建设管理水平的提高，得到了全社会的广泛认可。但显然社会对之终究是褒贬不一，争议纷纷，以至于如今提出取消强制监理。为什么？

其一，从其发展阶段和各阶段社会目标期待中可以看出，监理制度发展过程中社会期待过高，一味只有责任内涵扩大，而没有真正确立行业独立地位和客观定位。

（1）试点阶段的1988年11 月建设部印发的《关于开展建设监理试点工作的若干意见》的通知明确监理业务内容是：审查工程计划和施工方案；监督施工单位严格按规范、标准施工；审查技术变更，控制工程进度和质量，检测原材料和构配件质量、处理质量事故等。施工监理主要侧重于质量控制，时称“质量监理”。（2）推广阶段的1989年7 月建设部印发了《建设监理试行规定》。内容为协助建设单位与承建单位编写开工报告，确认承建单位选择的分包单位，审查承建单位提出的施工组织设计、施工技术方案和施工进度计划、调解建设单位与承建及审查工程结算等11项工作任务。监理内容追加形成了“三控制、一管理”。（3）全面推行阶段的1995年7 月建设部签发了《工程建设监理规定》。明示监理的主要内容是：控制工程建设的投资，建设工期和工程质量，进行工程建设合同管理，协调有关单位间的工作关系。实质即 “三控制、两管理、一协调”。（4）责任提升阶段的2002年《建设工程旁站监理管理规定》正式出台。2004年《建设工程安全生产管理条例》出台，规定监理单位和监理工程师个人对建设工程安全生产承担监理责任。至此安全被正式纳入工程监理的范畴。监理业务范围及监理工作风险负荷急剧加大。

其二，从监理行业目前存在的主要问题看，久病不愈，如此继续发展，行业必死无疑。

一是监理的定位不清、地位缺失。现有的监理制度把监理单位放在建设单位和政府之间，一仆二主，按照监理服务市场化要求，监理例应“拿其钱财为其消灾”，自然就会在服务上受制于建设单位，否则，建设单位就会不用你、不给你按时足额付监理费，使监理单位很难独立、自主的开展监理工作。但政府主管部门一直要求监理对社会负责、对工程安全、质量负责，一旦政府主管部门到施工现场检查，提得最多的就是：监理要求不严，不到位，要承担监理责任，等等。监理的定位问题，有的认为监理应是独立的第三方，有的认为应是业主方的代表，还有的认为监理应代表政府等等，众说纷纭，混乱并继续着。

二是监理安全责任的扩大化使监理有责无权、身心疲惫、人才流失。监理单位要不要对安全生产承担责任、承担多大的责任，一直存在着争议。现在很多地方都不同程度上将监理的责任任意扩大。只要是监理审核过的方案出了问题，动辄对监理企业实行很重的行政处罚。这必然将导致监理工程师在审核安全方案时，无限制地要求承包商提高安全系数而无视安全成本，不利于整个工程项目的正常顺利实施。由于监理安全责任的无限扩大，素质高的监理人员流向建设单位和施工单位，加上建设单位工资待遇较高且无直接安全责任，造成监理单位优秀人才快速流失。三是监理取费过低的情况没有实质性改变，造成监理单位难以留住高端人才、难以发展扩张。20多年来的监理实践揭示，过低的监理取费已对我国监理行业的发展和监理人员素质的提高造成了极为不良的影响，严重限制了一些优秀的高学历、高学位、高职称、高水平复合型人才的加入。目前建设部虽然颁布了07标准，但在诸多行业并未得到有效贯彻，这无疑将继续困扰着监理能力的提高。各级各部门基本没有真正重视监理合理收费，而是一味加码责任，使这个行业憋屈生存、负重前行，更不用说资本积累扩张发展了。四是产业链分割太细，监理的工作范围狭窄，阻碍了行业拓展与竞争力提升。监理制度应该贯穿工程建设项目的始终，包括投资决策阶段、设计阶段、施工招投标阶段、施工阶段（含保修阶段）。但目前，我国监理工作一般局限于施工阶段，监理工作范围及内容的狭小，使监理能力无法充分发挥，加上前期阶段监理的缺位，使得前期阶段在功能策划、可行性研究、设计图纸的完善性等方面不够完善，导致施工阶段设计变更较多，工期失控，有的甚至影响到工程质量。五是监理既要成为业主的责任背负者，实则是施工单位的质量安全员，地位尴尬、处境艰难，有时还要直接接受有关部门的训斥，里外不是人。有的业主对监理工作干预较多，有的不通过监理工程师直接给承包商下达指令，造成不必要的纠纷和误解。业主不规范，是一个普遍的现象，这就给监理工作带来很多困难，不管就失职，管了又没趣，更有甚者，有的业主把施工单位质量安全责任也一股脑儿地强加给监理，好像有了监理，就有了一切责任的承担者。诸如此类，真让人难以看到监理行业健康发展的希望。

思考二：从三个“不满意”思考监理行业有没有存在的必要。

第一问“为什么领导对监理总觉得不满意”？监理是按照合同为业主提供专业化有偿服务的，同时又要按照法律法规承担社会道义责任。监理尽管在很多人口头上表示得“至高无上”、“高智商者”，但她毕竟就是一项职业，也是政府的一个助手，而事实上她不具备政府所希望的万能力量，所以总让政府不满意。你看，一个监理，既要懂得质量、安全、规范、协调，又要懂得造价、招标、拆迁、扬尘控制，甚至还要会用心理学“哄”好施工项目经理开展工作，总之，没有给监理确切的能力、责任宽容，监理永远不会让政府满意！试想，一个政府推广又发展了20多年的行业，没有功劳也有苦劳吧，可怜到如此地步，还有存在的意义吗?

第二问“为什么社会对监理普遍不满意？”项目一旦发生事故，大家就会不约而同地想到监理，这就是社会对监理的普遍关注。为什么偏要到发生事故了才想到监理呢？这说明社会对监理还是有认识的，但社会对监理认识是片面的，因为工程质量与安全的真正主体是施工企业，监理是建设单位所聘的工程师，是业主助手和顾问，要监理代表政府、代表业主行驶管理和执法责任，监理做不到。当社会真正明白了监理的作用与地位后，监理作为一个“独立的第三者”是不可能的，因此“第三方监理”没有存在的必要！而应最终回归到“咨询者”角色。

第三问“为什么群众对监理效果心存不满意？”推行强制监理的目的是为了确保工程质量，而质量没有提升，监理这个环节反倒是成了劣质工程的障眼法。建设商说：所有用材都是监理同意的。监理说：所有环节都是高标准严要求的。问题是高标准的监理之下，为啥就出现了这么多伪劣工程？有如此结果，作为工程使用者的群众能对监理满意吗？深圳此次取消强制监理的初衷也是因此而来的，他们认为监理已经起不到监理的作用，既然监理成了阑尾，割掉也是无妨的。

思考三：取消强制监理未必不是好事（取消强制监理的逆思考）。

多年以来，许多行业专家一直在为监理正名而呼吁、奔波，方法不尽其用：改革疗法、缩瘦疗法、拓业疗法甚至休克疗法，然而成绩平平、失望多多。在我看来，深圳目前开展非强制监理改革的试点倒不失为明智之举，因为监理发展到这一步，光用“休克疗法”已无济于事，只有采用“死亡疗法”方可重修其身，重拥纯洁，重获新生。

首先，取消强制监理后，监理行业可以真正重新归位。一开始就按照市场经济规则回归“咨询业”本源，不要再受职能、智能、范围、定位影响，按照政府“负面清单制度”规定，只要他方有需求，我方有能力，社会需要和相信你，你就可以开展咨询业务，人员不够，可以培养也可以聘用，业务太多可以对外发包，只要大家认你，你就有市场，这才是咨询业的真正本位。

其次，取消强制监理后，建筑市场将改变以往建设、施工、监理三方对等的模式，改三方管理为两方市场，让施工方直接成为现场安全与质量责任的第一载体对业主负责，受社会追责，这就真正回到了现实合同法律规定上了。大家试想，合同的对等原则，要求履约双方必须平衡、对等，而监理作为“第三者”夹在其中，实在是不适合，应该回归到业主顾问岗位上来。

第三，取消强制监理后，可以明确发包方(业主)的主体责任，真正实现工程项目法人责任制。如开发项目，通过自行监理，把责任回归给开发商，让他们来实施现场的监控和监管，他们更加严肃认真地选择施工总包单位，才能够更好地保障工程的质量和安全，从源头上促进建筑市场品质管理。过去的法规对业主单位是没有什么约束的，很多时候工程真出了情况，业主单位一点责任都不需要承担，承担责任的不是监理工程师就是施工单位，甚至是行政主管部门。因为有监理，业主认为质量和安全都是监理的事情，跟他们自身是没有关系的。而取消强制监理后，所有的质量安全责任都强化到了业主单位身上，一旦出现质量问题，首先责任主体就是业主单位，包括经济赔偿、行政诉讼甚至刑事方面的问题都需要业主单位来承担。如此下来，业主单位就会比过去更加重视建设工程的质量和安全，而不是轻易敷衍了事。

第四，取消强制监理后，对于没有管理能力的建设单位，可以聘用有资格的工程技术管理人员或监理公司成为它的团队开展项目管理。这样，有利于推进个人执业制度和监理人员超越监理局限开展项目招标、造价管控、安全管理，甚至可以协助业主进行融资管理，更好地发挥市场在资源配置中的决定性作用。

思考四：大胆设想、激发理想、畅想监理改革发展的梦想。

住房与城乡建设部关于推进建筑业发展和改革的若干意见（建市[2014]92号）为监理行业在深化改革与产业转型上给出了许多政策性意见和建议，如：（七）进一步完善工程监理制度。分类指导不同投资类型工程项目监理服务模式发展。调整强制监理工程范围，选择部分地区开展试点，研究制定有能力的建设单位自主决策选择监理或其他管理模式的政策措施。具有监理资质的工程咨询服务机构开展项目管理的工程项目，可不再委托监理。推动一批有能力的监理企业做优做强，为监理行业改革转型，促进项目管理与监理一体化运行具有重要而积极的意义。由此，为实现监理行业不死而且还活得很好，我们要乘此东风开展追梦的思考：

首先，要强力推进监理队伍建设、充分提升监理人员素质，为超越狭隘单纯监理而卧薪尝胆。做好让市场选择的准备，沉稳心志，才能励精图治。

其次，要顽强坚持专业化监理工作的职业操守，继续不断探索现场工程质量与安全管理的方法与路径，做维护建筑市场的秩序护卫者。

第三，随着社会治理市场化进程，政府向社会购买服务将是必然趋势，我们可能成为政府市场管理、社会管理、质量管理、安全管理的咨询方，做好政府顾问或有偿服务者。

第四，我们也可能成为开发商的工程部，或参与或投资开展细化分工、责任各负、利益共存的合作共赢战略体。

第五，我们还可以成为施工方服务团队，支持总承包管理的施工方项目管理。

第六，我们还可以开办建筑工人技能培训学校，弥补当前由于一线工人培训缺失的缺憾，有效制止安全生产事故的频发状况等。

总之，在未来监理行业转型升级中，只有让监理回归了咨询者定位，才能让监理“凤凰涅槃”；只有明白了监理为谁服务，才能使监理有合理的地位；只有解除了监理承担安全责任的包袱，才能让监理行业积极向上；只有积极推行监理咨询市场化，才能培育出成长性监理企业，只有迈开监理与项目管理一体化步伐，监理才能又见光辉灿烂。

这次国家推动监理制度改革，对于监理行业转型升级既是挑战更是机遇，我们要积极迎合，激情以待。

浅谈建设工程项目总监综合能力培养

中邮通建设咨询有限公司　赵忠强　仇力

摘　要　项目总监的综合能力培养，除了需要不同类型和层次的培训外，其自身学习起到关键作用。本文根据目前工程实施特点，从生产实际出发以及工程监理的需要，分析建设工程项目总监的综合能力提升所需要学习和掌握的知识内容，供读者参考。

关键词　建设工程　项目总监　综合能力　培养

在目前市场环境下，监理公司要保存核心竞争优势，其根本手段就是从监理服务质量入手，要保证服务质量，就需要有人才优势，这种人才优势从项目总监的服务能力上体现。项目总监的监理能力直接影响监理公司受托工程项目范围和监理质量，对监理公司发展壮大有着极为重要的影响。项目总监是监理公司履行建设工程监理合同、完成监理工作的主力人员，是保障监理公司持续发展的有生力量。只有培养一批综合能力强、专业素质高的项目总监队伍，才能满足监理公司发展中对人的要求、才能满足生产需求。

目前，很多生产一线的监理人员普遍存在不会用监理知识工作，不会用法规保护自己、不知道如何维护监理公司的合法权益的问题；存在着解决、处理问题的能力较弱的问题，虽然存在对知识的渴望和需求，但又不能正确地选择学习的方法、学习内容。按照国家相关规定，担任项目总监理工程师的人员必须是通过国家注册监理工程师考试合格并取得执业资格证书的人员，但是通过国家注册监理工程师考试并获得执业资格证书的人员，不一定能胜任工程项目监理工作的需要。监理工作需要有能力的项目总监，而具有支撑能力的项目总监人数又不能满足工作需求，形成无人可用的被动局面。

首先，获得执业资格证书的人员不一定赴生产第一线；其次，目前的状况下，考试内容与生产实际有一定距离；第三，考试时所学内容随时间逐渐遗忘或流失；第四，看重证书，脱离生产。因此，要完成工程项目监理工作，需要克服一个误区，就是取得注册监理工程师执业资格证书或通过考试就可以胜任总监一职，就可以胜任工程项目总监的工作，就可以满足工程建设监理的需求。在新技术、新方法不断涌现的情况下，只有不断改进工作方法，更新学习内容，监理公司才能更好地实现自身发展壮大的夙愿，才能更好地服务于建设单位，服务于社会。

项目总监的培养的目标主要有：综合素质较高，分析、解决问题能力强，适应监理市场发展需要，符合监理公司用人所求，能运用监理技术解决工程出现的诸类问题的复合型人员，为监理公司科学发展提供重要依据和人力资源基础。

1.项目总监培养要求　项目总监是生产单位监理技术的主力军，生产单位的各个工程项目监理或相关服务的监理直接由项目总监直接参与和完成，因此项目总监是生产效益实现的基本保障，是实现监理公司生产指标的基础。通过项目总监的作用发挥，实现对一线员工的影响、带动其他员工更好地实施项目监理，发挥项目总监的作用，可以有效地保证生产单位监理工作的连续性和有效性。

项目总监本身的素质养成和学习能力，是发挥其作用的保证，是完成工作任务的基础。项目总监的能力除了需要统一的组织培训以外，更多的需要自身养成。作为项目总监应与管理人员一样，应培养遵守监理行业准则，坚守公司服务理念，严谨、主动的工作风格，不怕困难和不计较个人得失的思想品质，坚守原则的监理职业道德；认真刻苦工作，保持和发扬优秀监理工程师的优良传统，给项目监理机构的其他人员树立榜样。在学习上要求项目总监变被动为主动学习，才能更好地实施监理，才能更好地胜任项目总监和项目监理岗位的要求。

项目总监能力的培养不仅仅需要自身的学习，外部的培训将推动项目总监在技术、能力上的不断进步，不断提高，尽快成长。监理公司通过对项目总监的投入，会得到更多的人力资源，会获得更大的人才效益和经济效益。

2.培训解决的问题　从目前监理公司的整体技术状况分析，项目总监尚需参与更多次的专业技术、监理专业的学习和培训；培养分析、解决问题的能力，包括已经取得执业资格证书的人员，重在培养项目总监的综合能力。

有的监理单位组织的培训次数不少，培训的大部分时间都放在了质量控制（专业技术），而忽视项目总监本身能力的养成和引导，忽视了专业技术学习能力的培训，造成每次培训以后，除了专业以外，综合素质提升的效果并不明显。

在制定培训方案中，应注意加强项目总监的综合能力、素质培训、培养。培训的重点放在如何解决生产实践中的具体问题；如何做好监理工作，如何将标准规范落实到实践上等等，只有这样，才能更好地适应公司的发展，更好地培养人才，服务于建设单位和社会。

3.培训主要方向　如何利用知识技术解决生产实践中的问题。技术包括监理技术、专业技术两者之和。监理技术就是监理工作的内容，是按照《建设工程监理规范》中的要求实施监理的方法手段，也是合同约定的监理服务的主题内容；而专业技术是涉及工程项目主体建设内容所包含的专业技术。因此项目总监必要掌握监理技术和专业技术，才能有效地处理和解决问题，才能更好地发挥监理作用。

4.培训对象选择　在做培训计划时，应指定培训对象。按照同类型、同层次、同专业的培训模式，避免老师备课困难，“学员”听课收获不大，形成不良循环，不仅浪费了项目总监宝贵的时间，同时浪费了宝贵的培训资源。再者，专业培训和监理技术培训不能分开完成，专业知识和监理知识针对项目总监来说紧紧联系在一起的。一般情况下，对象为新员工时，主要的还是专业知识；而专业获得一定程度提高后，如何做好监理工作将成为培训的主要内容，也是工程监理实践的迫切需求，最后达到既要通过国家的考试，获取注册执业资格，又要掌握专业技术知识，会做监理工作。

5.项目总监培训内容　项目总监的培训目的是综合能力，因此在培训时，应选择高层次的教师，教授能力，即知识在生产实践中的综合应用能力。

纵观项目总监的知识体系中，与生产实践密切相关的主要有：监理工作基础知识；法律法规综合应用；标准规范综合应用；监理技术综合应用；合同管理与应用；文件资料综合应用；质量、进度、造价的过程把控；监理安全生产管理的法定职责履行；工程参建单位安全管理工作与责任；工程项目综合协调能力；新技术知识；监理技术在生产实践中的地位和作用等方面。这些内容的综合应用是培养项目总监监理综合能力的关键。上述内容与国家的考试内容一致，关键是如何运用这些知识，要求放下已经取得执业资格证书的“架子”，证书只是知识的一个方面，不等于监理能力！

（1）监理工作基础知识 监理工作的基础知识学习是完成监理工作的基础，也是项目总监监理能力培养的基础，项目总监的监理能力在此基础上开始，面向项目总监对此类知识的培训，则偏向于能力。项目总监的培训应根据参训项目总监级别的不同，有选择地完成授课。由于对项目总监是基于能力的培养，在准备授课内容时应以综合知识应用讲解为主要方向。

（2）法律法规综合应用 法律法规（包括条例）是实施工程监理的依据或“武器”。实施工程监理的过程中，必须坚持学法、知法、守法、用法的基本规律。学习与工程建设相关的法律规定，有工作依据，使实施监理的过程变为用法和守法的过程。掌握了相关的法律条文，实施监理工作的行为就有准则，明确方向，不但约束自己，还约束施工单位，约束建设方，整个工程建设的过程将成为一个运用法律来武装的标准的、规范的建设过程。

没有法律基础，失去法律的准绳，任何建设行为都将脱离工程建设的轨道，谈不上设计、施工、监理。作为项目总监，是生产实践的直接指挥者或参与者，带头掌握必要的法律规定，多学活用，是对工程项目总监理的基本要求。

必须全面学习工程建设涉及的法律法规。工程建设相关法律法规很多，要有目的有针对性掌握，根据不同工程的特点选择运用，指导监理工作。比如：工程实施阶段强调安全质量的法规（安全、质量管理条例）；工程施工前期的招标投标（招投标法）；工程建设和建设过程（建筑法）等均是必须先掌握的内容，这些内容对各方都具有很强的约束力。作为项目总监，必须有很强的法律意识，不能将自己等同于一般监理人员，还要负责向监理人员推行工程建设的相关法律规定，做学习运用法律的模范。

（3）标准规范综合应用 标准规范是我们纠正施工单位违约的重要依据。所谓施工单位的违约，是对《建设工程施工合同》而言。施工合同也是我们履行监理合同、正确实施“三控、二管、一协调”、履行安全生产管理法定职责的重要依据。

监理接受了建设方的委托，就必须按照《建设工程监理合同》履行监理的义务。合同内规定了监理必须使用标准规范对受托工程项目的施工单位的施工行为进行监督管理，对监理工作具有指导意义。项目总监必须掌握与所担负工程监理一致的标准规范，才能正确履行监理的义务以及获取监理的正当权益。

此处所指的规范，与我们监理行为直接联系的就是《建设工程监理规范》。其明确了监理的依据，规定了工程监理的内容、范围，明确监理流程、监理目标、监理手段、监理措施以及监理过程中的各类管理工作内容。《建设工程监理规范》是监理工作的指路明灯，明确了监理的地位，明确了监理是做什么的，如何做，依据是什么，当发现了违法、违规问题时的各类处理流程。

作为生产的指挥者或直接实践者，必须认真学习，懂得如何使用这个规范。比如：我们发现了一个问题不符合质量要求，那么将依据《建设工程质量管理条例》等（法律、法规、技术标准），采用《建设工程监理规范》（行为规范、指定表、规范的方式和方法、规范的处理程序）实施对产生此问题的施工方（或人的行为）、厂方、建设方、设计等进行监督管理，经过独立的分析、判断，采取此规范规定的措施纠正问题。

标准规范是指导监理发现、解决问题的依

据。作为项目总监，包括所有监理人员，学习掌握标准规范，可以改进工作方法、提高我们工作的水准。

（4）监理技术知识综合应用 监理技术从广义上来说就是监理专业技术、工程专业技术两者的叠加。监理专业技术就是《建设工程监理规范》所有知识的总和，规范解决监理人员的行为、过程控制，是标准化的程序和控制技术；而工程专业技术是涉及监理工程项目的专业技术，需要根据不同专业，不同项目内容不断学习、改进、积累，需要的知识面随工程项目内容变化不断调整和更新。因此，将监理专业技术、工程专业技术两者叠加形成的监理技术，是项目总监能力培养的重要选择。

（5）合同管理与应用 建设工程的合同包括：设计、施工（总包、分包）、监理、采购、设备监造，建设工程招标、投标文件等，项目总监必须学习上述逐个合同或法规的全部内容。掌握上述合同的相关条款，并理解其在工程项目建设中的地位和作用。合同规定了合同双方的权利、义务、范围和责任，合同制约着合同双方的行为和准则。当我们领受到工程项目的监理任务或受到监理企业任命为项目总监时，除监理合同必须学习以外，所有涉及建设工程的合同都必须选择学习。

项目总监学习施工合同后，就能明确施工单位与监理在工程实施阶段的作用和相互作用，其安全、质量的主体，监理责任类型；学习材料设备采购合同就会发现，设备材料的生产、制造、验收、搬运、接收、安装、调试、试运行、工程验收、正式运行、保修期、寿命期等全过程中材料设备生产制造方所需要承担什么样的责任和扮演什么样的角色等等。通过对合同的学习，很容易判断目前所做工作中的相关服务内容成分。就会清醒地理解“不合格的材料不允许在工程上使用”这句话的真正意思表达。当然会知道：目前甲方采购的材料设备由“监理送货”、“监理接收并保管”是明显违反建设工程程序的，是建设方的一种不妥做法，当然也会明白建设方建设行为的缺陷。

项目总监还应当学习工程总承包与工程分包合同，总承包与分包之间是一种什么样的关系。工程在实施阶段，监理往往遇到许多分包单位，在发现、处理问题时走了许多弯路，工作做了不少，效果却不明显，为什么呢，就是合同关系没有掌握。当监理发现问题时，是找分包单位还是找总承包单位呢？如果监理直接与分包单位联系、沟通是不符合建设程序的等等。每个项目在开工前，监理都要搜集施工合同。目前，工程监理人员特别是项目总监对施工合同的阅读量为多少，值得考虑。

学习各类合同文件，是《建设工程监理规范》要求合同管理的重要组成部分，是我们的依据，不学习它，如何实现合同管理，更加不能理解合同文件内容的含义。要想成为合格的项目总监，必须学习各类合同，使监理的工作又多了一份依据，对工作的指导有重要意义。

（6）文件资料综合应用 监理文件资料的整理写作是项目总监的基本功。项目总监要明确做监理工作来不得半点的虚伪，必须科学严谨，其中工程项目监理文件资料就体现这种严谨、科学。信息管理中不仅仅包括监理表格，也包括工程监理过程中所有的过程文件，而信息管理的过程不是体现在工程项目结束整理监理资料上，更多地表现在监理过程之中。作为项目总监对信息的管理力度和成效，很大部分决定监理成效，决定监理服务质量的好坏，而文件资料的综合应用就直接影响监理的服务质量。其范围包括从工程项目开始到结束，即：从公司接受委托的建设工程监理合同签订、公司任命总监理工程师到工程项目的预验收、竣工验收之间常用的监理文件资料，试想，项目总监自己动手的能力如何呢，因此需要培养。

仅举一例：《监理报告》的使用。监理报告是在总监理工程师发出《工程暂停令》指令以后，施工单位仍不停止施工或者建设单位不支持监理指令的情况下，面对将要出现的重大安全质量隐患，监理发出的重大事项（情况）报告。签发时机：施工单位拒不整改或不停止施工时；报告的方向是有关主管部门。注意，这里面包含着建设单位的态度。作为项目总监应能深深理解《监理报告》的作用和报告时机，又能解决好所包含的建设单位的态度，这就是能力的体现。这是一个对监理保护的手段，在施工单位拒不整改或不停止施工的情况下，如果利用《监理报告》报告了有关建设行政主管部门，并附件《监理通知单》、《工程暂停令》等证明监理人员履行安全生产管理职责的相关文件资料，监理所承担的责任将有很大的变化或将监理的风险转移至施工单位或建设单位。注意问题是，《监理报告》具有“告状”或“反映情况”的色彩，因此使用时必须慎之又慎，除了总监理工程师，其他人无权签发。

（7）质量、进度、造价的过程把控 利用监理技术实施三控，是项目总监的基本功。包括：质量控制的重点、难点，措施和手段；进度控制的难点、控制措施、问题的节点在哪，如何采取措施等等；造价控制的难点、热点以及监理所能控制的范围等等。项目总监是生产的第一线人员，直接参与或实施质量、进度控制过程。培训的重点是如何控制，采取什么样的方式、方法和措施，其标准是什么，需要监理控制的内容是什么等等，如果不解决这些内容，现场监理人员就不知道如何控制、什么时候控制。

除了上面所说的监理技术，信息管理基础，合同、法律法规等基本知识以外，实施质量、进度控制的基本知识就包括这些内容，不能掌握上述的内容就不能很好地实施控制。

（8）安全生产管理的法定职责 项目总监实施监理的过程中，应注意学习有关安全生产的法规，掌握尺度，客观、科学规避监理的职业风险，认真履行安全生产管理的法定职责。明确监理承担责任的范围和类型，树立安全意识和风险意识对工作有很大的帮助和促进。

（9）工程项目综合协调能力 工程协调的能力要从平时监理工作中不断积累和学习，是项目总监逐步成熟的过程中不可缺少的内容。工程协调的工作量随工程总量的大小有所不同，但是目的只有一个，就是在建设方计划工期内，使工程安全顺利、保质保量完成，消灭各类“阻碍”作用和不利因素。

工程实施中涉及不同的施工单位，大量设备材料进场，施工场地和环境，各类工具机械现场作业；参与工程建设的各类人员，施工环境中涉及的其他单位或部门都不能忽视。施工中容易出现各自为战，互不相让，成品是受损或破坏，重复劳动或返工，各类安全隐患、质量隐患等很多问题，极易产生混乱的局面。显然，工程要顺利进行，没有统一协调的秩序，没有一个控制中心，根本不可能顺利进行。那么，要做到统一、协调、有序、安全，就需要做大量的工作，而这些工作内容就是协调的内容，协调的指挥者或控制中心是项目监理部，协调的人员是总监理工程师。因此项目总监对协调工作的认识和处理问题解决问题的能将极为重要。

（10）新技术知识 目前，新技术的普及和发展速度非常快，监理的范围逐渐扩大。如：软件工程项目监理、项目总承包模式下的咨询服务等。这些新项目的到来，给项目总监提出了新要求，对现有知识体系提出了新挑战。如果不及时、准确地更新，不能有效把握新项目脉搏，那么就可能会被市场所淘汰。作为项目总监，应跟上公司不断发展壮大的脚步，适应公司业务发展的需求，因此对新技术知识的学习成为当务之急。学习新项目管理、监理的方法、措施，对公司新业务拓展支撑，是项目总监的义务和责任。

项目总监是监理公司生产的基础力量，是监理公司人才发展战略的核心。项目总监的综合素质和监理能力将直接影响公司的发展水平，影响公司的服务品质。因此项目总监的培养对公司发展有着重要意义；项目总监责任重大，实际工作中，要通过自身行为，敢于对自己所负责工程项目承担责任和风险，才能做好监理工作。不然，提高个人监理能力和综合素质更加困难；项目总监的培养，需要做的工作：项目总监队伍建设；知识体系建立；教师队伍建设；培养与成长记录；成长过程控制或保障措施；考核机制；与管理层的关联；与公司发展战略的接口等。

以诚信优质赢市场　谱转型发展新篇章

上海市建设工程监理咨询有限公司　龚花强

上海市建设工程监理咨询有限公司成立于1993年。公司创办人丁士昭教授最早将国际上先进的项目管理理念引进国内；公司经国家建设部核定较早获得监理甲级资质。2003年公司进行了所有权变更，成立了新的董事会，完善了企业管理体系。2008年首批取得建设部工程监理综合资质，后又获得国家发改委颁发的工程咨询单位甲级资质，如今已成为国内一家民营的大型综合性工程监理咨询服务企业。2013年公司合同额4.76亿元，产值达到3亿，实现了快速增长。

一、诚信为本赢得口碑，优质服务铸就品牌

公司一贯坚持"诚信、创新、增值、典范"的价值观，依托技术管理优势、专家资源优势、人才团队优势、多资质平台优势和丰富的工程经验，凝结了在深基坑、大跨度、大规模及超高层、高难度建筑项目监理的竞争优势，成为行业中承担超高层项目高度最高、数量最多、区域分布最广的工程监理咨询企业。

公司拥有一大批专业人才团队，为每个工程咨询项目提供全过程、全方位、高技术层面的支持，履行讲诚信"为业主提供增值服务"的承诺，多年来，除了应项目需求提供技术支持以外，还应业主要求参与了多项技术及管理层面难题的攻关，为业主谋取项目利益最大化。专业化的服务赢得行业主管部门的好评。

公司2004年监理的当时国内第一高楼上海环球金融中心于2008年建成后，全国各地超高层建筑项目客户慕名找来，承担的20多项超高层项目都是各地标志性建筑。全国在建的5个近600m及以上超高层建筑中，公司承担了苏州中南中心（729m）、深圳平安金融中心（660m）、武汉绿地（636m）、天津117大厦（597m）4个项目。公司监理的机场航站楼和交通枢纽有广州白云机场、深圳宝安机场、昆明长水机场、武汉天河机场、南宁吴圩机场、长春火车站交通枢纽、上海虹桥综合交通枢纽和外滩交通枢纽等。公司还承担了上海、深圳、武汉、杭州、南昌等10多个城市轨道交通项目，以及大量城市综合体、医院学校等大型公建工程监理和项目管理，优质的服务与技术管理赢得良好口碑。

公司以过硬的技术实力与优质的服务塑造SPM品牌形象。近5年监理的工程获得国家奖18项，其中鲁班奖6项、詹天佑奖2项、国家优质工程奖6项、钢结构金奖4项及省部级工程质量奖111项。2006～2012年，公司连续四届荣获中国建设监理协会授予的"全国先进工程监理企业"称号。2014年被国家住建部通报表彰为"全国工程质量管理优秀企业"之一。

二、努力调结构促升级，做优做强监理业务

公司创建初期，因资质专业单一，业务范围仅限于门槛及技术含量相对较低的简单房屋建筑工程。十多年来，随着国家加快城市基础设施建设，公司紧紧抓住机遇，努力调整业务结构，不断拓展监理业务范围，大力推进监理更多领域的拓展。

超高层项目部分业绩

苏州中南中心 高度：729m

深圳平安金融中心115大厦 高度：660m

武汉绿地606大厦 高度：606m

天津高银117大厦 高度：597m

上海环球金融中心 高度：492m

机场航站楼部分工程业绩

建筑面积：60万 m^2

昆明长水机场航站楼工程

建筑面积：45万 m^2

深圳机场T3航站楼工程

建筑面积：60万 m^2

武汉天河机场T3航站楼

建筑面积：40万 m^2

广州白云机场航站楼扩建工程

建筑面积：49.5万 m^2

广州白云国际机场T2航站楼

建筑面积：12.7万 m^2

上海虹桥国际机场T1航站楼改造工程

建筑面积：18.4万 m^2

南宁吴圩国际机场新航站区

多城市轨道交通工程业绩

上海地铁

杭州地铁

深圳地铁

大连轻轨

武汉地铁

合肥地铁

哈尔滨地铁

南昌地铁

郑州地铁

1.制定公司发展规划，推进业务结构调整和转型，优化人才资源配置，不断增强市场拓展能力，提出了“提升和转型发展、区域化管理、公司品牌”三大战略，立足监理核心业务和专业人才团队，继续做优、做强优势监理业务领域；在此基础上推进结构调整和转型发展。

2.结合经营、管理、技术、人力等资源配置，逐步将业务范围拓展至市政公用、机电安装、冶炼、林业及生态工程、石化工程、信息工程等领域；公司继取得工程监理综合资质后，又拓展了设备监理、信息工程监理、人防工程监理、文物保护工程监理等资质。

3.业务区域也由公司所在的上海辐射至整个长三角地区，继而扩大至全国。公司累计已承接各类工程3000多项，监理项目总投资达3000多亿元，其中不乏各地区政府重点基础设施工程或标志性建筑，甚至有部分是民营企业不曾涉足的区域、行业，并获得了多方的认可与肯定。

公司决策层深知做好精细化服务是监理服务的根本，而多专业的服务能力是现代综合性监理咨询企业实力的具体体现。经过多年来拓展，公司监理服务的形式由单一房建工程监理向更多监理领域拓展，涉及超高层建筑、大型城市综合体、机场航站楼、商务办公楼、地铁轻轨、市政基础设施等多专业类型，为各类业主提供多方位的增值服务已成为公司监理服务特色之一。

三、拓展工程咨询业务，促进企业转型发展

面对市场环境变化，结合自身业务特点和管理优势积极求变。为适应转型发展需求，公司集约工程咨询专业人才资源，成立工程咨询事业部，进一步拓展工程咨询资质，加速做大做强造价咨询、招标代理、项目管理和项目管理监理一体化等工程咨询业务。

1.积极探索实现监理工作的延伸，逐步向项目全生命周期服务的国际化咨询企业模式发展。一是扩大工程咨询业务规模和范围，从单一项目管理业务向工程咨询业务多元化发展；二是重视工程管理技术研究，提升工程咨询服务品质，积累业绩和技术，树立公司工程咨询的品牌。

2.工程咨询领域业务向多元化发展。主要是对项目管理、项目总控、项目策划和专业咨询等业务类型进行挖掘、开拓和提升。

近年来公司承接了多个项目管理咨询项目包括项目管理监理一体化业务，培养了一批业务核心骨干；在实施项目管理过程中不断总结最佳实践，从纷繁的项目管理业务中总结规律，形成了项目管理指导书、项目管理文档范本、项目管理流程和表式等知识积累，提升了项目管理水平。

项目总控业务是公司近年来大力开拓的业务。2009年承接了于家堡金融CBD群总体项目管理，2012年承接了南京河西青奥项目群总控督查，2013年承接了南京高新区项目群总控督查。通过承接这些特大型项目群，理论与实践相结合，不断从实践中总结与规范，逐步形成了成熟的公司项目总控咨询模式。

项目策划和专业咨询方面，公司也取得了较好的成果。先后承接了深圳平安金融中心、兰州鸿运金茂城市综合体、山东省文化艺术中心配套高层、上海新世界名品城等重大项目的项目策划和专业咨询工作。这些咨询服务工作，不仅给业主提供了有价值的增值服务，同时还提升了公司项目管理策划水平。

3.重视工程管理与技术的研究。面对越来越复杂的工程建设，优质的项目管理服务必须要具有深厚的工程管理和技术的沉淀、积累和支持。为此，公司成立了专业工程技术研究小组，设置专项资金，组织对BIM、P6工程技术进行专题研究。

这些专题研究，一方面可为公司业务转型和实施提供技术保障，培养一批掌握先进管理技术的业务骨干，为工程咨询业务的延伸提供源源不断的动力。另一方面，推进建筑信息模型（BIM）等信息技术在项目管理全过程的应用，在规划、设计、运营等各个阶段中涉及协同决策的部分用同一个数据作依据，还可减少项目所需要的时间，为业主降低工程成本，提高综合经济效益。

四、加强人力资源管理，加快人才队伍建设

工程咨询是一项高智能的技术服务，从业人员的素质对服务质量起着决定性的作用。公司始终坚持“人才制胜”的发展理念，求才、用才、爱才、育才、留才，经过多年的摸索和实践，逐步形成了符合公司特点的人力资源管理机制和人才培养模式。包括：

1.根据公司发展规划和经营目标，进行人才梯队建设，分层次、有阶段地进行人才培养和储备。

一方面，公司将骨干人员培养作为一项常规工作长抓不懈。如每年定期开展项目总监答辩培训、项目骨干系列专题培训、人力资源专修班等各类培训活动，有效提升了管理干部的综合能力和素质，保证SPM知识体系的及时更新。

另一方面，对新进员工开展一系列岗前培训，包括企业文化、规章制度、职业素养、行业基础知识等课程，并实施导师带徒制，由导师为新员工量身定制培养方案，并在日常工作中贴身传授工作岗位所需专业知识、技能，帮助新员工更快地适应岗位、融入企业，提升专业能力。

2.在绩效管理方面，改进原有的以工作计划为主的考核方式，建立以战略为导向的KPI绩效管理体系，自上而下地分解制定部门和岗位绩效目标，进行季度和年度考核评估，并通过月度经营例会和季度绩效考核例会，分析关键绩效问题与差距，形成相应的改进措施、资源配置与行动计划，最终推动SPM战略实施。

为帮助员工实现职业价值的提升，充分发挥员工潜能，SPM还设置管理和专业发展路径，通过持续的绩效评估与分析，帮助员工定位与合理转换，为员工提供广泛的发展空间和机会。

3.开设灵活多样的沟通渠道，充分听取员工意见。通过高管与员工座谈、进餐等轻松愉快的方式进行面对面沟通，组织征集合理化意见与建议，开展各类专题调研和访谈、设置员工论坛和申诉通道等，保证公司内部的沟通畅通。近年来还开展了每年一度的员工满意调查，以及各类不定期的问卷调查，了解员工对公司在经营、管理等各方面的意见与建议。

各类沟通机制的建设，一方面让员工有机会表达自己的需求、想法，给公司提出意见和建议，参与到公司的管理决策程序中来，另一方面让公司领导能听到员工真实的声音，了解基层员工的需求，为公司决策提供参考和依据，建立积极、融洽、合作的文化氛围。

五、构建知识管理体系，提升全员职业素质

知识管理对工程咨询这样的知识密集型企业来说，是核心竞争力与生命线。为提高公司的知识管理能力，SPM从软、硬多方面着手，创造一个

“隐性知识显性化、显性知识结构化、知识复用规模化”的组织环境：

1.梳理历史文档，建设知识共享平台。通过对公司知识目录的梳理，各类信息、文档分门别类存入公司知识库，员工可以通过平台直接学习、密切互动和交流，快速提高工作效率和工作质量。

2.建立有效的知识管理运行机制，加强绩效考核与知识推广。将知识管理工作成效列入各部门的考核指标，鼓励各部门组织形式多样的知识交流活动，分析积淀在业务工作中的各种信息与知识，不断归纳、总结、持续积累，保证知识在各个层次得到有效应用。

3.倡导共享文化，鼓励员工知识创新。通过各类知识管理专项比赛与活动，引导员工将自身经验、教训、心得等隐性知识转化为更为明晰的知识成果，形成员工喜闻乐见的知识地图、AAR、案例、作业指导书或培训课件等，在全公司进行共享。公司还在内部甄选出一批知识丰富、沟通能力强的员工，培养成内部讲师，通过他们自主研发课程并对员工进行培训，提高员工整体专业水平和知识创新能力。

知识管理体系运行三年来，逐步发挥日益重要的作用，帮助解决公司经营管理中的问题和矛盾，如提高现有人员使用效率，缓解人力资源短缺和经营规模扩大之间的矛盾；为公司承接新业务提供技术支持；系统管理公司文档，有效梳理隐性知识，降低知识流失的风险；降低公司培训成本，提高培训投入产出比；为业务标准化建设奠定空实的基础。

与此同时，许多员工，尤其是对自己职业发展有明确规划的员工，发现可以很方便地学习到自己想要的工作知识、经验和技能，职业能力提升，对自己的职业前景和企业未来发展充满信心。满意度调查数据显示，“对公司的依赖性和信任感”与以往几年相比有明显提高。

六、建立综合信息平台，提高企业管理效能

公司通过信息化规划，设计了“全业务、全流程”的信息化方案，把知识管理、财务管理、行政管理、业务运营管理等各专业信息操作系统整合成统一的综合信息管理平台，通过信息化手段规范公司流程的执行，提高工作和管理效率。

1.通过建立综合信息管理平台，不断完善OA、KM和U8等信息系统功能，全面覆盖公司经营、业务、技术、人力、财务和行政管理。先进的ERP财务、人事、项目合同管理和知识管理系统，将公司内部管理提升到一个新的水平。提高了职能工作效率，提升了项目管理效率及服务品质，提升了业务管理的绩效。

2.以综合信息管理平台建设为契机，大力促进业务工作标准化。制定项目监理机构从进场、项目实施、竣工验收、项目保修等各个阶段工作标准化程序，以及造价咨询、招标代理、项目管理及技术咨询等的工作标准化；不断对各类咨询业务进行总结归纳，形成标准、示范文本；对关键工作形成标准化流程的管控机制。

3.促进了公司规范化工作体系的建设。结合综合信息管理平台的建设，进行了企业流程再造，通过对业务流程和职能管理流程的重新梳理，依托信息化手段和标准化工作，进一步制定或修订各类规章制度，推进公司规范化工作体系建设，从而促进了企业各项管理水平的提升，也促进了全体员工职业行为的规范化。

七、培育先进企业文化，努力承担社会责任

企业文化是企业的灵魂。企业文化应深入全体员工中，并与业务相关联。公司注重企业文化建设，通过认真总结和提炼企业核心价值理念，形成全体员工共同的价值观、行为准则和工作风格；公司倡导“诚信文化、精英文化、人本文化”，将企业文化建设作为一项重要专题，着重培养员工的职业素养和职业精神。

1.通过培训教育和宣传，加强员工职业道德、行为规范守则和诚信教育，提高责任意识，形成优

以优秀企业文化 引领企业健康发展

充分发挥党政工团在企业运行中的作用

- **凸显党支部的政治核心作用**
- **积极发挥工会纽带桥梁作用**
- **党政工团齐心创建文明单位**
- **丰富缤纷的群体性文体活动**

良的绩效文化。结合经营管理实际，倡导无边界管理机制，推行跨部门无缝链接管理，提高工作效率与服务质量。特别注重转型文化的宣传，帮助员工在公司转型中深刻理解企业变革求进的意义，培育有公司特色的企业文化。

2.充分发挥党团工会作用：一是围绕公司发展中心任务，发动员工为公司发展献计献力；切实关心员工职业健康、安全生产和工作环境，做好保险、福利、文体活动等凝聚力实事；二是健全职代会、推进平等协商等制度，落实企业民主管理；三是党政工团齐抓共管，组织创建文明单位活动，进一步促进公司文明建设。

3.公司充分发扬“诚信、创新、增值、典范”的价值观，担当起大型民营工程咨询企业的社会责任。积极参与世博场馆建设，热心保障房建设工程。“5·12汶川”抗震救灾中发动员工为雅安捐款赈灾，派出专家为当地工程质量进行评估等；参与所在社区的各类社会公益活动。

公司积极参加行业协会组织的各类活动，协助行业协会举办的“首届中国建设监理峰会”、“中国上海2010工程项目管理国际论坛”，并主办了“2013年建设工程监理行业高峰论坛”，促进了行业技术进步和发展。还参与住建部和中国监理协会组织的《建设工程监理规范》、《建设工程监理规范应用指南》、《光热幕墙技术规范》《双层幕墙技术规范》、《建筑幕墙维修工程技术规程》、《玻璃幕墙光学性能》、《建筑幕墙工程技术规范》等标准的修编，协助行业协会开展监理人的培训、继续教育工作，提升监理人员的整体素质和服务水平。

上海市建设工程监理咨询有限公司的发展，得益于国家改革开放、加快城市建设的有利环境。十八届三中全会制定了全面深化改革、促进经济建设的大政方略，提出要充分发挥市场在资源配置中的决定性作用，大力推进新型城镇化建设、城乡发展一体化等等，并出台一系列配套改革政策，特别是对建设监理的政策调整。这对工程咨询企业既是机遇，又是重大挑战，促使公司转变观念，转化机制，采取变革举措。我们将加快创新转型的步伐，携手广大同行、共谋监理咨询发展，为我国城市建设再创新的辉煌。

打造卓越品牌，致力行业领先

武汉宏宇建设工程咨询有限公司　王承东

武汉宏宇建设工程咨询有限公司（以下简称公司）自1999年改制成立以来，顺应监理政策导向、紧跟行业发展趋势、结合咨询产业特点、始终贯彻“创新引领企业跨越式发展”的指导思想，不断通过思想创新、业务创新、管理创新，从初期仅有临时乙级监理资质、80万m²监理项目，逐步发展成为具有工程监理综合资质、建筑设计甲级、招标代理甲级、造价咨询甲级资质及人防监理、信息监理资质等综合产业链的咨询企业，年度承接项目规模超400万m²的建设咨询综合企业；公司被行业协会评为全国建设监理行业先进监理企业、湖北省和武汉市先进监理企业、武汉地区“十佳”监理企业、“AAA”信誉企业等，历年来承担服务的多个项目荣获了“全国安全文明施工现场示范工地”、“楚天杯”、“黄鹤杯”、“鲁班奖”、“全国市政金奖”等各类奖项，在社会和业内享有良好声誉和口碑，在人力资源、企业文化、管理体系、经营策略多个方面都体现出前瞻性的战略视野和现代化的管理思想。

一、重视梯队建设，保持人力资源可持续发展

公司根据中长期发展思路和定位，制订了人力资源专项规划，采用主动培养机制和梯队建设制度，根据人员特点和需求，制定个人规划，通过集体培训、注册资格考试、职称申报、职业再教育、师徒结队等方式提升员工素质；在公司各部门和项目部，合理配置人力资源，形成以老带新、以新为主的格局，确保人力资源可持续发展。随着监理行业逐步为社会所认同，公司吸引了一批行业骨干，形成了层级分明、结构合理的人员梯队，扭转了公司初期发展时人员素质参差不齐、人员结构年龄老化的不利局面。在此基础上，每年度都会对人员结构进行分析，开展绩效考核，实行末位淘汰，保持各层次人员的稳定和持续更新。从1999年至2014年，宏宇公司从业人员平均年龄从50.4岁下降到了37.6岁，30岁至50岁的人员比例从 40% 上升到60%，公司在职的各类全国注册执业人员达到164人，中高级职称人员达到280 名；梯队建设呈现出良性发展的态势，保持了公司核心团队的持续性，多名骨干员工还被评为全国先进监理工程师、省市先进监理工程师、抗震救灾先进个人等。

二、倡导以人为本，树立企业健康核心价值观

公司极其重视员工的职业道德和团队修养，通过入职教育、岗前培训、上岗交底，对新进员工的意识心态进行调整，从而树立“以服务品质回报客户，以发展机遇回报员工，以公益和谐回报社会”的企业核心价值观，自公司成立以来，未发生

一起因职业道德造成的重大客户投诉。同时公司致力于人文环境建设，创办了企业内刊，促进内部学术交流、知识更新；设有各类职工团体，定期举办体育比赛、知识竞赛、野外拓展、观光考察等活动，创造休闲空间、缓解员工压力。这些文化活动和心理建设，旨在创建高效、健康、积极、互动的企业工作氛围，使公司始终保持融洽和谐、齐心奋进的状态。近年来还与北京、上海、香港等地知名咨询企业展开交流，吸收先进企业人本意识，结合自身特色从企业精神和发展思想上再作创新。

三、强调责任意识，持续开展管理创新活动，全面推行特色精细化管理

宏宇公司自成立以来就致力于企业标准建设，结合规范制订、修订了管理大纲、监理大纲及规划、细则、旁站方案、应急预案等范本，并陆续完善了监理工作交底、作业指导书技术标准等，为一线项目部按照工程建设阶段和工序流程要求、对施工过程进行预先控制提供了较为完善的技术支持；在2002系列规范更新后，还组织全公司对新规范进行解读分析，及时更新受控文件。在2009年，公司已全面推行技术支持体系、人力资源体系及成本控制体系建设，进一步完善企业标准，发展到目前已形成各类监理控制程序文件143份、应用文件范本34份、专业技术交底记录26份等企业技术服务标准。

通过多年的摸索，公司逐渐形成了以矩阵式管理架构为基础、具有自身特色的精细化管理模式。通过体系和流程全方位覆盖客户需求和社会责任，并在2001年通过了ISO质量体系认证。在2004年全面推行建设项目管理后，公司率先在武汉地区行业内提出项目管理体系标准，制订了专项的项目管理程序文件以及配套表格，完善全生命周期项目管理的工作结构和内容，并在2009年全面通过了工程监理和项目管理的质量、环境、职业健康三位一体体系认证；公司还全面推行网络化管理，充分利用OA办公系统等先进的管理工具和手段提升管理效率，建立并充实了公司数据库和信息中心，形成了快捷有效的信息管理系统。

近年来，建筑质量安全问题成为社会关注焦点，宏宇公司为使业主放心、社会放心、政府放心，特别设置独立于项目部外的质量安全环保部，对公司下辖各个施工现场实施质量安全分级分类管理制，将在监（在管）项目按照不同施工阶段及隐患等级分成A、B、C三类，通过不同频度的巡查督促，及时发现问题，督促整改，并向主管部门和业主进行通报。这种双重监督机制能够及时处理各类隐患，较好地防范质量安全责任风险，自实行以来公司未发生一起重大质量安全事故。

四、紧跟经济形势，注重产品创新，打造建设咨询综合产业链

宏宇公司在成立初期随着房地产市场高速发展，以住宅、民用建筑监理为主；在教育产业化高速发展时期，公司为武汉地区大部分大专院校提供了设计、招标代理、造价咨询、工程监理全方位服务；随着国家逐步调控房地产市场、大力拉动基础

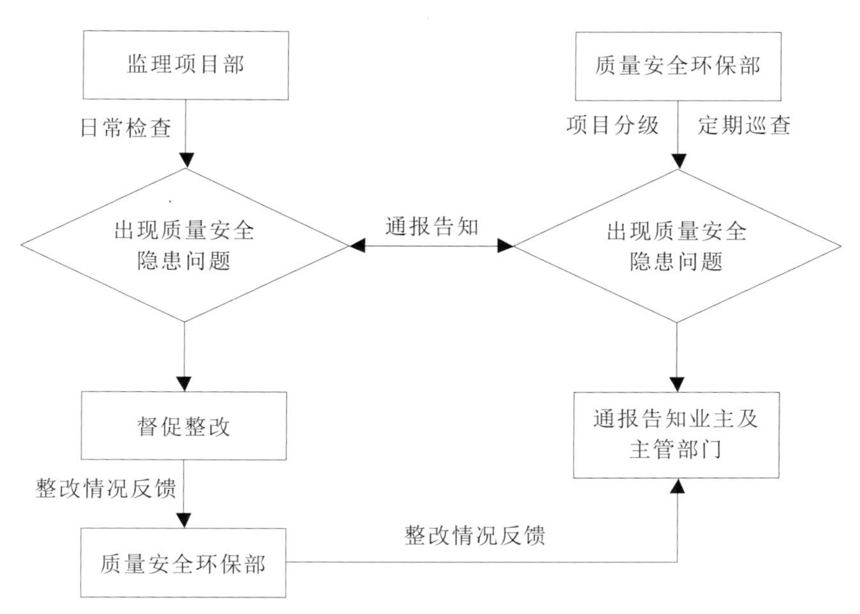

质量安全双重监督机制流程图

设施建设，公司也转向市政建设、艺术体育场馆、机场、医院、金融、政府机关等社会公共项目，全面开展工程监理与项目管理一体化服务；近年来国家倡导国计民生、拉动消费内需，公司也开始涉及商业消费类建设项目市场。

随着信息技术在工程建设领域的广泛应用，信息监理业务在国内的发展势头较快。宏宇公司2011年起开始涉足信息监理行业并取得丙级资质，逐步拓展工程咨询产业链。

五、自主建设数字化管理平台，实现企业管理和工程项目管理全面信息化

为提高宏宇公司企业经营管理效率，强化业务标准化实施，公司总结和梳理了自身多年的发展经验，自主研发了集工程项目管理、协同办公、人力资源管理、知识库于一体的数字化信息管理平台。在以项目作为信息化应用抓手的基础上，将项目流程标准与企业管理流程固化到信息系统中，从人、财、物、项目进程、项目风险等多个维度，为一线员工提供规范化的作业工具，为各层管理者决策提供准确直观的管理依据，从而保证企业内部管理和工程项目管理的可控性与质量。

在不断调整市场布局的同时，宏宇公司一直以国外先进成熟的建设咨询模式为发展方向，在工程监理的基础上拓展招标代理、工程造价咨询、建设项目管理等咨询服务范围，并控股建筑设计公司，形成了以建筑设计为前导、工程监理为基础、招标代理及造价咨询为配套、项目管理为龙头的建设咨询综合产业链。近年来，公司还在尝试向前期的项目策划、项目融资、后期的物业运营等方面拓展，尝试多种服务创新。以下五个项目是宏宇公司近年来延伸产业链、提升服务附加值的代表项目：

1.湖北省图书馆项目：湖北省图书馆新馆总建筑面积100823m^2，地上8层，地下2层；建筑高度41.4m，公司中标成为该工程代建单位，接受委托进行建设项目代建管理工作，项目获得了全国绿色示范工地、湖北省“楚天杯”等荣誉。该工程是湖北省内单体建筑面积最大的文化建筑设施，其建设内容繁多、涉及专业全面，通过项目代建，公司在建设过程中也积累了超大型公共建筑工程管理的丰富经验。

2.核动力运行研究所基地新区建设项目：公司接受委托进行建设项目全过程管理工作，以及土建及机电安装工程监理、招标代理、造价咨询其他多项咨询服务。在项目初步设计方案审查过程中，公司通过有效的技术措施，使结构受力更趋合理；在

对行政办公楼的设计方案审查过程中，合理、科学地运用技术与经济相结合的措施及价值工程理论，对设计方案进行了调整，将原来的设计概算8564万元减少到7476万元，在设计阶段为业主节约投资约1088万元，占原投资总额的12.7%，并且满足了业主对建筑物使用功能和安全的要求，该项目荣获“楚天杯”优秀质量奖。在该项目的建设过程中，公司与业主方的质量管理体系完全对接，将自身的质量标准和管理流程提高到了国家级工程和军工企业的高度，这也为公司后来建设咨询服务程序和体系的不断完善奠定了良好基础，是公司项目管理发展历程中极具意义的项目之一。

3.湖北省总工会干校余家湖工程综合楼工程：从拆迁、土地证办理、规划工作开始进行建设项目全过程管理工作，以及房屋建筑工程监理、机电安装工程监理、配套道路和园林绿化工程监理、招标代理、造价咨询其他多项咨询服务。该项目荣获“楚天杯”优秀质量奖。该工程是宏宇公司从项目立项、土地手续办理开始直至竣工交付使用的项目管理，成功地延伸了建设咨询产业链，覆盖建设项目全生命周期管理。

4.珞珈创意园一期工程：公司接受委托进行项目管理、建筑设计、工程监理、招标代理全过程服务。宏宇公司从设计阶段参与项目功能策划、配合整体商业运营，并以公司自身积累的成本指标为业主提供投资依据，通过服务创新提高了服务附加值。

5.长城汇项目：总建筑面积约为17万m^2，总高度为242m，总投资120000万元。公司接受委托进行了以工程监理为主、涵盖招标管理和造价咨询在内的综合咨询工作。该项目荣获“武汉市最美工地围墙”奖、“全国工程建设优秀质量管理小组二等奖”，是公司提供综合性监理服务的标志性项目之一。

综上，宏宇公司将继续以卓越品牌为追求、行业领先为理想，建设高端咨询企业，坚持服务思想创新，打造全面综合的建设咨询服务产业链，充分利用知识经济的杠杆效应，最终实现规模化和产业化的发展目标，为我国经济建设和行业发展贡献力量。

《中国建设监理与咨询》征稿启事

《中国建设监理与咨询》是中国建设监理协会与中国建筑工业出版社合作出版的连续出版物，侧重于监理与咨询的理论探讨、政策研究、技术创新、学术研究和经验推介，为广大监理企业和从业者提供信息交流的平台，宣传推广优秀企业和项目。

一、栏目设置：政策法规、行业动态、人物专访、监理论坛、项目管理与咨询、创新与研究、企业文化、人才培养。

二、投稿邮箱：zgjsjlxh@163.com，投稿时请注明电话和联系地址等内容。

三、投稿须知：

1.来稿要求原创，主题明确、观点新颖、内容真实、论据可靠，图表规范，数据准确，文字简练通顺，层次清晰，标点符号规范。

2.作者确保稿件的原创性，不一稿多投、不涉及保密、署名无争议，文责自负。本编辑部有权作内容层次、语言文字和编辑规范方面的删改。如不同意删改，请在投稿时特别说明。请作者自留底稿，恕不退稿。

3.来稿按以下顺序表述：①题名；②作者(含合作者)姓名、单位；③摘要(300字以内)；④关键词(2–5个)；⑤正文；⑥参考文献。

4.来稿以3500～5000字为宜，建议提供与文章内容相关的图片（JPG格式）。

5.来稿经录用刊载后，即免费赠送作者当期《中国建设监理与咨询》一本。

本征稿启事长期有效，欢迎广大监理工作者和研究者积极投稿！

欢迎订阅《中国建设监理与咨询》

《中国建设监理与咨询》面向各级建设主管部门和监理企业的管理者和从业者，面向国内高校相关专业的专家学者和学生，以及其他关心我国监理事业改革和发展的人士。

《中国建设监理与咨询》内容主要包括监理相关法律法规及政策解读；监理企业管理发展经验介绍；和人才培养等热点、难点问题研讨；各类工程项目管理经验交流；监理理论研究及前沿技术介绍等。

《中国建设监理与咨询》征订单回执

订阅人信息	单位名称				
	详细地址			邮编	
	收件人			联系电话	
出版物信息	全年（6）期	每期（35）元	全年（210）元/套（含挂号费用）	付款方式	银行汇款
订阅信息					
订阅自2015年1月至2015年12月，_________套（共计6期/年）　付款金额合计：¥__________________元。					
发票信息					
□我需要开具发票 发票抬头：__________________ 发票类型：□一般增值税发票　□专用增值税发票（征订5套及以上；开专用增值税发票请提供相关信息及营业执照副本复印件） 发票寄送地址：□收刊地址　□其他地址 地址：__________________邮编：_________　收件人：_________　联系电话：_________					
付款方式：请汇至“中国建筑书店有限责任公司”； 如需专用增值税发票且订单金额超过840元（征订5套及以上），请汇至“中国建筑工业出版社”。					
银行汇款 □ 户　名：中国建筑书店有限责任公司 开户行：中国建设银行北京甘家口支行 账　号：1100 1085 6000 5300 6825			银行汇款 □（如需增值税发票且征订5套及以上） 户　名：中国建筑工业出版社 开户行：中国工商银行北京百万庄支行 账　号：0200 0014 0900 4600 466		

备注：为便于我们更好地为您服务，以上资料请您详细填写。汇款时请注明征订《中国建设监理与咨询》并请将征订单回执与汇款底单一并传真或发邮件至中国建设监理协会信息部，传真010-68346832，邮箱zgjsjlxh@163.com。

联系人：中国建设监理协会　王北卫　孙璐电话：010-68346832。

中国建筑工业出版社　张幼平电话：010-58337166

中国建筑书店　电话：010-68324255

《中国建设监理与咨询》协办单位

 北京市建设监理协会 会长：李伟	 中国铁道工程建设协会 副秘书长兼监理委员会主任：肖上潘	 京兴国际工程管理有限公司 执行董事兼总经理：李明安	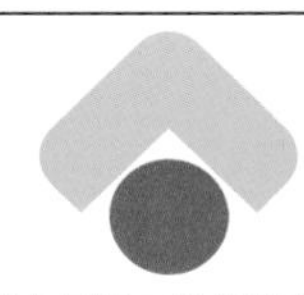 北京兴电国际工程管理有限公司 董事长兼总经理：张铁明
 北京五环国际工程管理有限公司 总经理：黄慧	 北京海鑫工程监理公司 总经理：栾继强	 中国水利水电建设工程咨询北京有限公司 总经理：孙晓博	 鑫诚建设监理咨询有限公司 董事长：严弟勇　总经理：张国明
 北京赛瑞斯国际工程咨询有限公司 董事长：路戈	 北京希达建设监理有限责任公司 总经理：黄强	 秦皇岛市广德监理有限公司 董事长：邵永民	 山西省建设监理协会 会长：唐桂莲
 山西省建设监理有限公司 董事长：田哲远	 山西煤炭建设监理咨询公司 总经理：陈怀耀	 山西和祥建通工程项目管理有限公司 执行董事：史鹏飞	 太原理工大成工程有限公司 董事长：周晋华
 山西省煤炭建设监理有限公司 总经理：苏锁成	 山西震益工程建设监理有限公司 总经理：黄官狮	 山西神剑建设监理有限公司 董事长：林群	 山西共达建设项目管理有限公司 总经理：王京民
 晋中市正元建设监理有限公司 执行董事兼总经理：李志涌	 运城市金苑工程监理有限公司 董事长：卢尚武	山西协诚建设工程项目管理有限公司 董事长：高保庆	 沈阳市工程监理咨询有限公司 董事长：王光友
 上海建科工程咨询有限公司 总经理：何锡兴	 上海振华工程咨询有限公司 总经理：沈煜琦	 江苏省建设监理协会 秘书长：朱丰林	 江苏誉达工程项目管理有限公司 董事长:李泉
 连云港市建设监理有限公司 董事长兼总经理：谢永庆	 江苏赛华建设监理有限公司 董事长：王成武	浙江省建设工程监理管理协会 副会长兼秘书长：章钟	 浙江江南工程管理股份有限公司 董事长总经理：李建军
 浙江五洲工程项目管理有限公司 董事长：蒋廷令	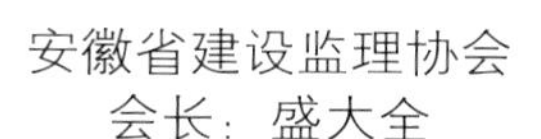 安徽省建设监理协会 会长：盛大全	 合肥工大建设监理有限责任公司 总经理：王章虎	 安徽省建设监理有限公司 董事长兼总经理：陈磊

厦门海投建设监理咨询有限公司
法人：陈仲超

萍乡市同济工程咨询监理有限公司

郑州中兴工程监理有限公司
执行董事兼总经理：李振文

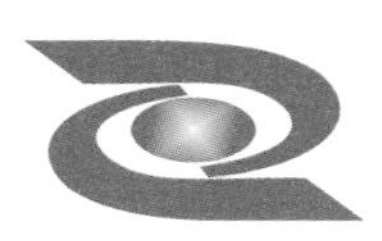

中汽智达（洛阳）建设监理有限公司
董事长：刘耀民

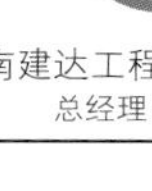

河南建达工程建设监理公司
总经理：蒋晓东

郑州基业工程监理有限公司
董事长：潘彬

武汉华胜工程建设科技有限公司
董事长：汪成庆

长沙华星建设监理有限公司
总经理：胡志荣

中国水利水电建设工程咨询中南有限公司
法人代表：朱小飞

深圳市监理工程师协会

深圳市监理工程师协会
副会长兼秘书长：冯际平

WANG TAT
广州宏达工程顾问有限公司

广州宏达工程顾问有限公司
公司负责人：罗伟峰

广东国信工程监理有限公司
负责人：何伟

深圳大尚网络技术有限公司
总经理：乐铁毅

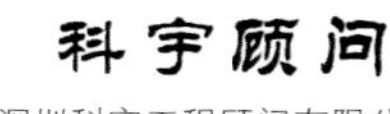

深圳科宇工程顾问有限公司
董事长：王苏夏

广东工程建设监理有限公司
总经理：毕德峰

广东华工工程建设监理有限公司
总经理：刘安石

重庆林鸥监理咨询有限公司
总经理：肖波

重庆赛迪工程咨询有限公司
总经理：冉鹏

重庆联盛建设项目管理有限公司
董事长兼总经理：雷开贵

重庆华兴工程咨询有限公司
董事长：胡明健

四川二滩国际工程咨询有限责任公司
董事长：赵雄飞

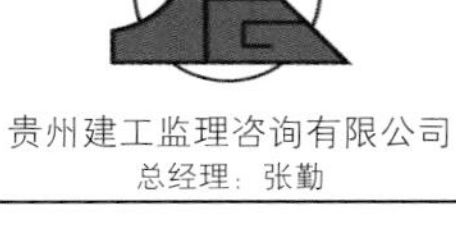

贵州建工监理咨询有限公司
总经理：张勤

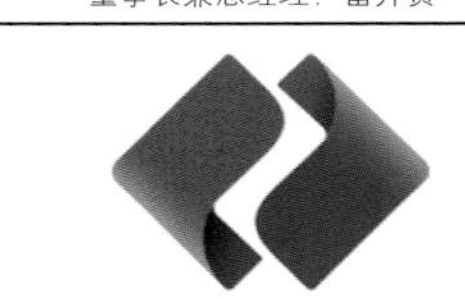

中国电建集团贵阳勘测设计研究院有限公司
总经理：潘继录

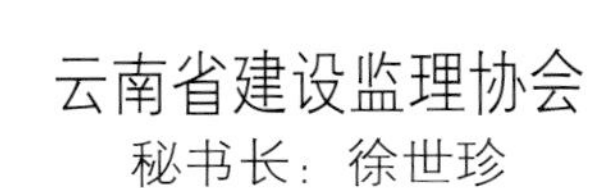

云南省建设监理协会
秘书长：徐世珍

云南新迪建设咨询监理有限公司
董事长兼总经理：杨丽

陕西永明项目管理有限公司
总经理：张平

西安高新建设监理有限责任公司
董事长兼总经理：范中东

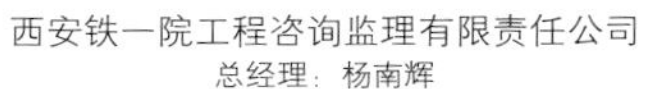

西安铁一院工程咨询监理有限责任公司
总经理：杨南辉

西安普迈项目管理有限公司
董事长：王斌

西安四方建设监理有限责任公司
董事长：史勇忠

新疆昆仑工程监理有限责任公司
总经理：曹志勇

新疆天麒工程项目管理咨询有限责任公司
董事长：吕天军

重庆正信建设监理有限公司
董事长：程辉汉

河南省建设监理协会
常务副会长：赵艳华

北京中企建发监理咨询有限公司
总经理：王列平

云南国开建设监理咨询有限公司
执行董事兼总经理：张葆华

锦屏二级 TBM 施工监理

溪洛渡水电工程

二滩水电工程

溪洛渡

瀑布沟地下厂房工程

四川二滩国际工程咨询有限责任公司

Sichuan Ertan International Engineering Consulting Co., Ltd.

二十年前，四川二滩国际工程咨询有限责任公司（简称：二滩国际）于大时代浪潮中应运而生，肩负着治水而存的使命，从二滩水电站大坝监理起步，萃取水的精华，伴随着水的足迹成长。如今，作为中国最早从事工程监理和项目管理的职业监理人，公司已从单纯的水电工程监理的领军者蜕变成为综合性的工程管理服务提供商，从水电到市政、从南水北调到城市地铁、从房屋建筑到道路桥梁、从水电机电设备制造及安装监理到 TBM 盾构设备监造与运管，伴随着公司国际市场的不断拓展和交流，业务范围已涉足世界多个地区。

二滩国际目前拥有工程建设监理领域最高资质等级——住房和城乡建设部工程监理综合资质、水利部甲级监理资质、设备监理单位资格、人民防空工程建设监理资质、商务部对外承包工程资质以及国家发改委甲级咨询资质，获得了质量、环境、职业健康安全（QEOHS）管理体系认证证书。2009 年公司通过首批四川省"高新技术企业"资格认证，走到了科技兴企的前沿。

二滩国际在工程建设项目管理领域，经过多年的历练，汇集了一大批素质高、业务精湛、管理及专业技术卓越的精英人才。不仅拥有行业内首位中国工程监理大师，而且还汇聚了工程建设领域的精英 800 余人，其中具有高级职称 109 人，中级职称 193 人，初级职称 206 人；各类注册监理工程师 161 人，国家注册咨询工程师 9 人，注册造价工程师 25 人，其他各类国家注册工程师 20 人；41 人具备总监理工程师资格证书，23 人具有招标投标资格证。拥有包括工程地质、水文气象、工程测量、道路和桥梁、结构和基础、给排水、材料和试验、金属结构、机械和电气、工程造价、自动化控制、施工管理、合同管理和计算机应用等领域的技术人员和管理人员，这使得二滩国际不仅能在市场上纵横驰骋，更能在专业技术领域发挥精湛的水平。

二滩国际是我国最早从事水利水电工程建设监理的单位之一，先后承担并完成了四川二滩水电站大坝工程，山西万家寨引黄入晋国际 II、Ⅲ标工程，四川福堂水电站工程，格鲁吉亚卡杜里水电站工程，新疆吉林台一级水电站工程，广西龙滩水电站大坝工程等众多水利水电工程的建设监理工作。目前承担着溪洛渡水电站大坝工程、贵州构皮滩水电站大坝工程、四川瀑布沟地下厂房工程、四川长河坝水电站大坝工程、四川黄金坪水电站、四川毛尔盖水电站、四川亭子口水利枢纽大坝工程、贵州马马崖水电站、四川安谷水电站、缅甸密松水电站、锦屏二级引水隧洞工程、金沙江白鹤滩水电工程等多个水利水电工程的建设监理任务。其中公司参与承建的二滩水电站是我国首次采用世行贷款，FIDIC 合同条件的水电工程，由我公司编写的合同文件已被世行作为亚洲地区的合同范本，240m 高的双曲拱坝当时世界排名第三，承受的总荷载 980 万吨，世界第一，坝身总泄水量 22480m3/s；溪洛渡水电站是世界第三，亚洲第二，国内第二大巨型水电站；锦屏 II 级水电站引水隧洞工程最大埋深 2525 米，是世界第二，国内第一深埋引水隧洞，也是国内采用 TBM 掘进的最大洞径水工隧洞；瀑布沟水电站是我国已建成的第五大水电站，它的 GIS 系统为国内第二大输变电系统；龙滩水电站大坝工程最大坝高 216.5 米，世界上最高的碾压混凝土大坝；构皮滩水电站大坝最大坝高 232.5m，为喀斯特地区世界最高的薄拱坝。

二滩国际将通过不懈的努力和追求，为工程建设提供专业、优质的服务，为业主创造最佳效益。作为国企，我们还将牢记社会责任，坚持走可持续的科学发展之路，保护环境，为全社会全人类造福！

鑫诚建设监理咨询有限公司

鑫诚建设监理咨询有限公司是主要从事国内外工业与民用建设项目的建设监理、工程咨询、工程造价咨询等业务的专业化监理咨询企业。公司成立于1989年，前身为中国有色金属工业总公司基本建设局，1993年更名为鑫诚建设监理公司，2003年更名登记为鑫诚建设监理咨询有限公司，现隶属中国有色矿业集团有限公司。

公司是较早通过ISO9002国际质量认证的监理单位之一。多年来，一贯坚持“诚信为本、服务到位、顾客满意、创造一流”的宗旨，以雄厚的技术实力和科学严谨的管理，严格依照国家和地方有关法律、法规政策进行规范化运作，为顾客提供高效、优质的监理咨询服务。公司业务范围遍及全国大部分省市及中东、西亚、非洲、东南亚等地，承担了大量有色金属工业基本建设项目以及化工、市政、住宅小区、宾馆、写字楼、院校等建设项目的工程咨询、工程造价咨询、全过程建设监理、项目管理等工作，特别是在铜、铝、铅、锌、镍、钛、钴、钼、银、金、钽、铌、铍以及稀土等有色金属采矿、选矿、冶炼、加工以及环保治理工程项目的咨询、监理方面，具有明显的整体优势、较强的专业技术经验和管理能力，创造了丰厚的监理咨询业绩。公司在做好监理服务的基础上，造价咨询和工程咨询业务也卓有成效，完成了多项重大、重点项目的造价咨询和工程咨询工作，取得了良好的社会效益。公司成立以来所监理的工程中有6项工程获得建筑工程鲁班奖（其中海外工程鲁班奖两项），18项获得国家优质工程银质奖，105项获得中国有色金属工业（部）级优质工程奖，26项获得其他省（部）级优质工程奖，获得北京市建筑工程长城杯16项。

公司致力于打造有色行业的知名品牌，在加快自身发展的同时，关注和支持行业发展，积极参与业内事务，认真履行社会责任，大力支持社会公益事业，获得了行业及客户的广泛认同。1998年获得“八五”期间“全国工程建设管理先进单位”称号；2008年被中国建设监理协会等单位评为“中国建设监理创新发展20年先进监理企业”；1999年、2007年、2010年、2012年连续被中国建设监理协会评为“全国先进工程建设监理单位”；1999年以来连年被评为“北京市工程建设监理优秀（先进）单位”，2013年获得“2012年度北京市监理行业诚信监理企业”。公司员工也多人次获得“建设监理单位优秀管理者”、“优秀总监”、“优秀监理工程师”、“中国建设监理创新发展20年先进个人”等荣誉称号。

目前公司是中国建设监理协会会员、理事单位，北京市建设监理协会会员、常务理事、副会长单位，中国工程咨询协会会员，国际咨询工程师联合会（FIDIC）团体会员，中国工程造价管理协会会员，中国有色金属工业协会会员、理事，中国有色金属建设协会会员、副理事长，中国有色金属建设协会建设监理分会会员、理事长。

中国有色金属研究总院怀柔基地项目

赞比亚谦比希年产15万吨粗铜冶炼工程（获得境外工程鲁班奖）

郑州未来大厦（获得鲁班奖）

银象·宁远城商业项目

哈萨克斯坦电解铝二期项目管沟工程

云南锡业股份有限公司年产10万吨铜冶炼项目

江铜年产30万吨铜冶炼工程

缅甸达贡山镍矿项目

中天·未来方舟

贵州大学花溪校区扩建工程中心图书馆

孔学堂

金阳新区贵阳市轨道交通运营管理中心及配套项目

峰会国际大厦

桐荫路

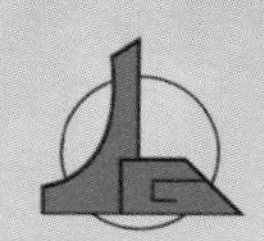

贵州建工监理咨询有限公司

贵州建工监理咨询有限公司（原贵州建工监理公司）成立于1994年6月，是贵州省首家监理企业，公司注册资本800万元人民币。1994年加入中国建设监理协会，系中国建设监理协会理事单位。2001年加入贵州省建设监理协会，系贵州省建设监理协会会员单位，公司董事长出任贵州省建设监理协会副会长至今。1996年经建设部审定为甲级监理资质，是贵州省最早的甲级监理单位。2009年审定为贵州省首批工程项目管理企业（甲级）。2006年至今连续荣获贵州省"守合同、重信用"单位称号，并荣获全国"先进工程建设监理单位"称号，1999年12月在贵州的监理企业中首家通过ISO9002国际质量认证，并于2010年10月完成ISO9001：2008国际质量管理体系改版升级认证。完成了ISO9001:2008质量管理体系国际认证、ISO14001:2004环境管理体系国际认证、GB/T28001-2001/OHSAS18001001:2007职业健康安全管理体系国际认证。2007年3月完成企业改制工作，现为有限责任公司。

经过多年的不断发展，贵州建工监理咨询有限公司现已逐步发展成为集工程监理、工程项目管理、工程招标代理、工程造价咨询、工程咨询及工程技术专业评估等于一体的大型综合性咨询企业。公司业务及资质范围包括工业与民用工程监理甲级、市政公用工程监理甲级、工程项目管理甲级、机电安装工程、工程招标代理、工程造价咨询、交通建设工程监理、地质灾害防治工程监理、地质灾害危险性评估、人防工程监理、水利工程施工监理等。

公司自成立以来，先后在北京、西藏、江苏、广东、广西、云南、贵州等地承接监理项目2400余项，总监理面积达7000多万平方米。现已完成监理项目2000余项，已完成监理工程总面积达5000多万平方米。公司坚持秉承"诚信服务、持续改进、监帮并举、科学管理"的质量方针，始终遵循"业主满意、社会满意、员工满意"的经营理念，竭诚为顾客提供优质服务。

贵州建工监理咨询有限公司现有700余名具有丰富实践经验和管理水平的高、中级工程管理人员和长期从事工程建设实践工作的工程技术人员及一批省建设厅和相关行政事业单位退休特聘的知名专家、学者，不但人员素质高，而且在专业配置、管理水平、技术装备上都有较强的优势。并且还首创性地设立了独有的涉及各专业领域的独立专家库，为项目管理提供强大的经济、技术咨询和服务。

在今后的发展过程中，我们将以更大的热忱和积极的工作态度，不断改进和完善各项服务工作，竭诚为广大业主提供更为优质的服务，并朝着技术一流、服务一流、管理一流的现代化服务型企业而不懈努力和奋斗。

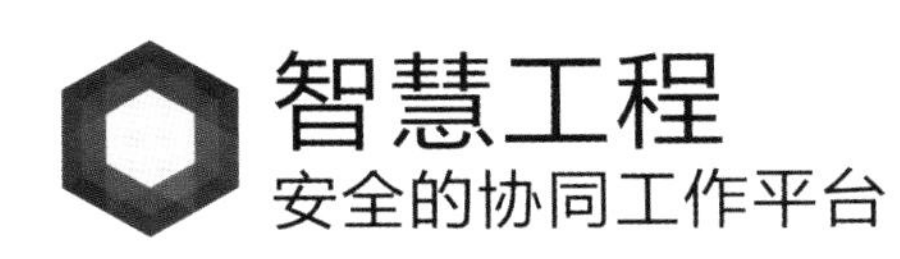

智慧工程

安全的协同工作平台

智慧工程是以建设工程项目为核心，建立起参建单位现场机构间的协同工作平台，实现企业与项目及各参与方之间有序信息沟通、数据管理和资源共享。

主要使用群体 多方协同

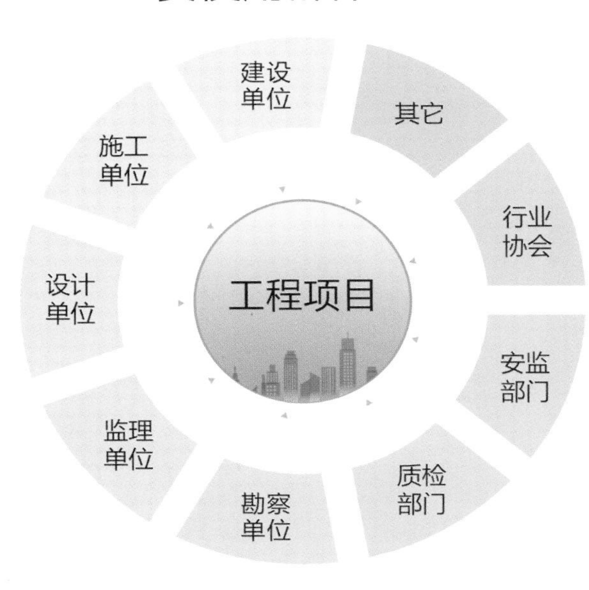

十大主要特色

1. 移动+PC无缝连接 智慧工程
2. 现场工作协同 统一高效
3. 文件电子签章 简单安全
4. 一键电子交档 省时省心
5. 在线资料管理 永不遗失
6. 平台数据安全保障 安心无忧
7. 人员动态管理 实时跟踪
8. 总部对现场的管理 全面掌控
9. 工程使用寿命预警 智能提醒
10. 在线监管检查 效率第一

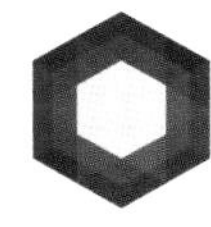

博站

安全的建设工程移动管理应用

扫一扫下载APP

主要功能

- 在线即时沟通 工作信息及时交流
- 工地拍照 及时留存现场数据
- 项目安全群组 信息安全保密
- 工程信息提醒 任何信息不遗漏
- 邮件代收 手机快速回复
- 个人企业电子名片 一扫传天下
- 项目通讯录 随时调取方便联系
- 工地视频监控 随时随地尽在掌握
- 权威建筑资讯 精彩推送不容错过
- 工作日记 随时记录，快乐工作